减糖超简单

[日] 小野千穗◎著

青岛出版集团 | 青岛出版社

山东省版权局著作权合同登记号　图字：15-2020-172号

图书在版编目（CIP）数据

减糖超简单 /(日) 小野千穗著. — 青岛 : 青岛出
版社, 2021.7

ISBN 978-7-5552-2595-9

Ⅰ.①减… Ⅱ.①小… Ⅲ.①减肥 – 食谱 Ⅳ.
①TS972.12

中国版本图书馆CIP数据核字（2021）第103401号

书　　名	减 糖 超 简 单
	JIANTANG CHAO JIANDAN
著　　者	[日]小野千穗
出版发行	青岛出版社
社　　址	青岛市海尔路182号（266061）
本社网址	http://www.qdpub.com
邮购电话	0532-68068091
策　　划	周鸿媛　王　宁
责任编辑	王　韵　逄　丹
封面设计	尚世视觉
照　　排	青岛乐道视觉创意设计有限公司
印　　刷	青岛海蓝印刷有限责任公司
出版日期	2021年7月第1版　2022年5月第2次印刷
开　　本	16开（710毫米×1010毫米）
印　　张	13
字　　数	255千
书　　号	ISBN 978-7-5552-2595-9
定　　价	58.00元

编校印装质量、盗版监督服务电话　4006532017　0532-68068050
建议陈列类别：时尚生活

"减糖料理"是可以让现代人"保命"的健康饮食

王群光医师

王群光自然诊所院长

本书的重点在于示范如何将随处可见的食材，做成色香味俱全的减糖创意料理，让人吃得舒服、愉快，且吃得饱。对于那些想要瘦身、抗衰老、改善健康状况的人来说，本书可以作为开启自己"减糖饮食"之路的指引。

分析人类母亲供应给一个 10 个月大的婴儿的乳汁的成分，就可以发现其中糖类占热量来源的 47.7%，蛋白质占 6.8%，脂肪占 45.4%，脂肪的重要性可见一斑。由于人所摄入的蛋白质中，有一部分会转化成葡萄糖，对于患了"油脂恐惧症"而以富含糖类的淀粉为主食的现代人来说，糖类甚至会占据他们能量来源的 70% ~ 90%，这是许多新陈代谢性疾病的源头。

以前我也是高糖、高蛋白、低油脂饮食习惯的拥护者，体重曾经达到 88 千克（现在是 65 千克左右），后来罹患了严重的糖尿病，糖化血红蛋白值高达 13.5%（正常值为 4% ~ 6%）。由于我的细胞线粒体中，负责燃烧葡萄糖的"引擎"已经完全损坏，因此我只能执行比本书所提倡的"减糖饮食法"更为严格的"断糖生酮饮食法"，才得以在不必依赖任何药物的情况下控制病情。我把控制糖类摄取量的饮食方式分为"常糖生酮饮食"（糖类占能量来源不超过 50%）、"低糖生酮饮食"（糖类占能量来源的 10% ~ 40%）以及"断糖生酮饮食"（糖类占能量来源的 2%）三类。儿童、青少年、成人只要能采用"常糖生酮饮食"就能够降低糖类在能量供给中的比例，提升脂肪在能量供给中的比例，从而改善健康状态。

"高糖饮食是大部分慢性疾病的源头"这种说法一点儿都不夸张。本书所分享的减糖料理无论是对糖尿病患者还是对想要瘦身、抗衰老、变得更健康的人士都很有益处。

活动量减少，减糖是趋势

李婉萍

荣新诊所营养师

现代人的生活形态跟以前已大不相同。以前的人每天都在劳动、务农，而现代人平时的活动量少，相应地身体所需要的能量也变少了。我们知道，为人体提供能量的三大营养素分别是糖类、蛋白质、脂肪，那么大家可以猜一猜，19 岁的年轻人与 65 岁的老年人相比，谁对蛋白质的需求量比较高呢？

有人会说，应该是年轻人吧！因为年轻人需要的能量多啊！也有人会说，应该是老年人吧！现在不是提倡要预防老年肌肉衰减综合征（肌少症）吗？

其实，答案是都一样。更进一步说，人体对蛋白质的需求量与体重以及身体状况（如有无疾病、是否正值孕期等）有关，而不是由年龄来决定的。蛋白质是一切生命的物质基础，也是机体免疫功能的物质基础，能构成人体必需的、具有催化和调节作用的各种酶，比如胶原蛋白正是蛋白质的一种。不管我们的年龄增长了多少，蛋白质对人体的必要性是不变的。

而脂肪与激素分泌水平、体内细胞膜的功能状况息息相关，例如正在进行减重的女士如果身体缺乏油脂，就容易出现月经异常的表现。糖类是人体能量的主要来源，但从久站到久坐这一生活状态的改变导致人体能量消耗减少，相应地，我们对糖类的摄取就要变少，甚至需要对饮食的内容"斤斤计较"。

切记，减糖不意味着要完全远离糖。这本书分享的减糖饮食法是现代人走向良好的健康状态的起始点，书中不仅有详尽的减糖步骤与流程，还有简单又美味的食谱，可以让读者找到明确的方向。总之，减糖也要减得健康，大家一起来行动吧！

减糖饮食，让自己健康快乐地过每一天

洪泰雄

台湾大学生物产业传播暨发展学系兼任讲师（教授营养教育与传播课程）

台湾中原大学通识教育中心兼任助理教授（教授饮食自觉与管理课程）

当拿到书稿时，我发现本书监制黄火盛先生是我认识了二十多年的好友，他也是最初影响我接触有机食品的人，看来人生真的是由一连串的偶遇与缘分组成的。阅读完本书初稿之后，我觉得这是一本肥胖人士和糖尿病、代谢综合征患者必读的好书，改善健康状态确实应该从管理饮食开始。

目前，很多饮食指南都提倡人体每天要摄入九种蔬果，这样可以获取均衡的营养素，补充足够的膳食纤维，促进脂肪、糖类代谢，使身体更健康。但是现代人的饮食大多过于精致，且热量摄取过量，这会超过身体负荷，引发各种慢性病，使人不得不长期依赖药物来维持生命。

如今，限制糖类摄入量的减糖饮食概念正在被越来越多的人接受。减糖使很多肥胖者成功瘦身，也帮助很多糖尿病患者摆脱注射胰岛素的梦魇。我也曾经提出过"35921"饮食原则：一天只吃三餐，先吃蛋白质；餐与餐之间一定要间隔五小时；晚上九点前一定要吃完晚餐；每天最少喝 2000 毫升水；每天早晨吃一个苹果。这种饮食方法的好处是不会让血糖快速上升、给胰腺添加过多负担，也不会导致胰岛素抵抗的问题，对改善糖尿病及瘦身都有一定的帮助。

本书作者小野千穗为了避免摄取淀粉及其他精制糖类，花了很多时间研究世界各地的减糖饮食，并且研发了很多无淀粉及低糖饮食的食谱。她不仅成功降低了自己的血糖值，解除了糖尿病的危机，恢复健康，还帮助许多亲友成功减轻体重，用健康的饮食开启快乐的新生活。她的成果非常值得肯定，经验也非常值得大众学习。

减糖之后的人生怎么会这么美好啊！

娜塔

"我可是生活家"论坛版主

这几年，瘦身界吹起了减糖饮食风，我很庆幸自己这次终于赶上了潮流，得以与二十年肥胖的失落岁月说再见。原本"难瘦至极"的我，不但在短期内瘦了下来，还因为减糖渐渐拥有了不易复胖的体质，这种经历是我减肥史上的第一次，也是让我坚持并强力推荐减糖的原因！

减糖之后的生活无限美好。除了渴望已久的苗条终于成为现实，我还摆脱了肤色黯淡、精神不振的状态，开始爱上自己，开启了人生的新阶段，很多人看到我的转变后也开始展开减糖计划。但在减糖时最困扰大家的通常是对淀粉等高热量食物的取舍问题，我也曾为此烦恼过，很能体会大家在初始阶段的困惑。

在本书中，我们可以看到无淀粉仿饭、安心炸鸡、无糖巧克力、萝卜糕、仿面包的做法，甚至还有很多熟悉的美味——芋圆、绿豆糕、凤梨酥、蛋糕等低糖甜点的做法，这使得处于减糖期的我们可以轻松跟着做、放心大口吃，这是贪吃的我一开始阅读这本书时最感兴趣的地方，相信正在阅读本书的你也是如此吧！

在本书的第二章中，克拉格博士论述了他对椰子油的看法、减糖期间维生素与矿物质的摄取等问题，这些专业的内容让收藏了很多减糖相关书籍的我感到非常惊喜，相信对于许多和我有相同困惑的人来说，这些都是非常实用的信息。

关于减糖之后的人生有多美好，我想说得再多都不如亲身体验一下。我只能说："减糖真是太美好了！"别再犹豫了，现在就抱着这本《减糖超简单》开始你的减糖之旅吧！

"减糖"是未来的健康饮食趋势

黄火盛

朴园有机事业创办人

　　我和本书的作者小野千穗及她的丈夫克拉格博士是认识快二十年的朋友，他们夫妻经常来我这里做客。七年前，他们来的时候告诉我："我们不能吃面包、面条和米饭，连酱油都只能吃无糖的。"当时我觉得这对夫妻真是越来越难款待了。后来，他们赠送给我一本江部康二医生的著作《不吃主食糖尿病就会好》，里面介绍了从 1999 年开始，江部康二所在的医院针对糖尿病患者采取了减糖饮食疗法，获得了良好的成效。书里的很多观念让我耳目一新，比如 1 克糖会使血糖上升 3 个单位（mg/dl）、糖的摄取量比 GI 值（血糖生成指数）更重要、餐后血糖值的重要性等，这些观念使困扰了我好几年的问题得到解答。至此，我也由抗拒、觉得麻烦，变为全力支持他们的饮食法，还几次飞到德国与他们一起研究减糖食谱。

　　这些年来，我跟小野经常通过网络沟通料理的做法，将新鲜食材用简单易做的方式制成了上百道减糖料理，希望帮助想要减糖的人和体型肥胖者形成"易瘦体质"、享用健康饮食，使被血糖问题和心脑血管疾病困扰的人士拥有更多元的饮食选择。

　　目前，减糖饮食在日本已经相当普及，例如：餐饮市场上已有专门制作减糖料理的餐厅，推广减糖理念的书籍已发行超过 300 万册，无糖、无淀粉的面食的热销等。除了日本，在欧美国家，相关书籍、食材等也已相当普及，所以我相信，减糖在中国也会拥有庞大的市场。本书将为读者提供多样化的减糖饮食选择，力求帮助各位读者保持健康的身体状态，享受美好的幸福人生。

减糖饮食的奇迹：60 岁的年龄，20 岁的体重

维尔纳·克拉格（克拉格博士）

自然疗法专家

在德国，有非常多的中老年人有肥胖问题，其中糖尿病患者的比例不低。平时，我经常听到下面这些话：

"虽然我已经试过了各种节食和运动方法，但还是没有减肥成功！"

"我吃得不多，但还是一直在变胖，可能我属于易胖体质吧！"

"这是遗传，没办法。"

"医生说我处于糖尿病前期，可是吃药、吃低热量的食物都没能帮我降血糖。"

为什么他们会遇到这些问题呢？用一句话来概括，那就是"吃得不对"！

针对想要减肥和改善健康状态的人，我会建议他们避免吃面包、马铃薯、面粉做的食物（如蛋糕、饼干等甜点），避免喝啤酒（可以选择低糖或无糖的酒），摄取低糖的食物和新鲜的蔬菜。这就是我提倡的"减糖疗法"。

因为食用含过量糖分或淀粉的食物后，血糖会快速上升。为了降低血糖，胰腺会分泌胰岛素，时间一长，在胰岛素的影响下脂肪的合成会越来越多，使人变胖。一旦胰腺太疲惫了，就容易开始"罢工"。

对很多德国人来说，不吃马铃薯、面包和蛋糕是很困难的事，因为就像很多亚洲人把米饭当作主食一样，马铃薯和面包对德国人来说也是主食，下午茶时间则是喝咖啡、吃蛋糕的时间。多年形成的习惯当然不容易改变。但我小时候吃蛋糕的机会很少，蛋糕是只有在生日和节日的时候才能吃到的特别的食物。

另外，不胖的人也会罹患糖尿病。除了长期摄入过量糖易引发糖尿病外，遗传因素或运动不足也容易引发糖尿病。很多人一开始甚至不知道自己患上了糖尿病，因为 2 型糖尿病早期一般无任何症状，或仅有轻度乏力、口渴。

一般来说，2 型糖尿病常见于中老年人，可是近年来年轻人出现糖尿病发病的情况越来越多，主要原因是饮食习惯导致血糖持续维持在较高的水平，胰腺压

力太大。怎样才能让可怜的胰腺休息一下呢？很简单，只要做对以下两件事：吃对的食物和做运动。

事实上，现在很多人不知道自己吃得不对。我母亲在她七十岁的时候，被诊断出患有轻度糖尿病。我的外祖父也有糖尿病，所以我会比较注意自己的血糖值。我快六十岁的时候，有一天，发现代表过去两个月自己血糖值的指标（糖化血红蛋白）达到糖尿病的临界值。针对这种情况，大部分医生都建议吃全麦面包和低脂肪、低热量的食物，因此我每天早餐和晚餐都会吃全麦黑面包，避免摄入肉类，只摄入很少的油脂，还会吃很多水果和蔬菜，喝很多新鲜的果汁。结果，情况并没有得到改善，这说明我吃错了。幸运的是，后来我接触到了"减糖饮食"，在这种饮食的帮助下，我很快就解决了血糖偏高的问题，肥胖问题也解决了。

很多德国人都有"啤酒肚"。我认为，人们不应该轻视啤酒肚，这与你是男是女、喝不喝啤酒没有关系，而是因为如果腹部肥胖的话，得糖尿病的概率会比较高。有"啤酒肚"说明内脏脂肪增多，这有可能引起胰岛功能的衰退。人到了四五十岁以后，要特别注意内脏脂肪和胰腺功能的状态。

现在，对我而言，"减糖饮食"是我的基本饮食准则，再配合一个星期两次到健身房健身或是在森林里快步走 1 ~ 2 个小时，我得以维持二十岁时的体重。

这本书将详细介绍"减糖饮食"观念和相关的食谱。俗话说得好，药食同源。注重饮食，有利于保持身体健康。

从一餐含糖 90 克到一餐含糖 10 克的健康减糖新对策

小野千穗

"今天早上在市场上买的草莓非常酸！""那很好！"

"今晚想吃手握寿司。""那么，我们应该买菜花。"

"今天的下午茶吃什么？""冰箱里还有一个西葫芦，可以做凤梨酥。"

这不是开玩笑，也不是我乱写的，而是我家的日常对话。为什么会这么说呢？

酸的草莓含糖少，适合减糖人士，如今很多水果都很甜，含糖少的水果很难找。切碎的菜花可以代替米饭，让不吃淀粉的人也可以享用手握寿司。至于没有凤梨的凤梨酥，馅料是用蔬菜做的，味道还不错！您要试试看吗？那么，跟我一起做吧！但是稍等，我还有一些话没说……

您好！谢谢您阅读这本书。首先请让我介绍一下自己。

我是小野千穗，在日本九州的熊本长大，大学毕业后赴美，曾居住于加拿大、中东地区，现在住在德国法兰克福附近的威斯巴登。

我的先生是自然疗法师，他叫维尔纳·克拉格（Werner Krag），也致力于推广减糖饮食。他在威斯巴登开业行医，从事预防医学，通过详细分析验血报告，从自然疗法的观点出发，帮助肥胖症患者改善饮食方式、生活方式、运动方法等，还在德国和日本出版过精神与身体健康方面的书籍，目前正在撰写的新书的主题是"防治阿尔茨海默病"，他也十分肯定减糖饮食的作用。

而我曾在日本出版过散文集，也做过图书的翻译工作，除此之外，还会在杂志及报纸上发表主题为健康饮食及爱护动物的随笔。我很喜欢旅行及研究各国美食，到国外旅行时会逛书店，购买当地的烹饪书籍，也会到当地的市场看看有哪些新奇的食材。

想知道我有多热爱研究料理吗？我的朋友们来到我家的时候，常常说："你好像住在厨房里一样。我每次来，你一定在厨房里！"他们说得对，我待在厨房里的时间相当长。一般我会做减糖料理，也会烤含糖量很低的蛋糕、饼干、面包等。最近我在努力研究低糖点心的制作方法。

七年前我去体检，发现自己血糖升高，处于2型糖尿病前期。我相信改变饮食有利于控制血糖和预防各种慢性病，所以开始研究减糖饮食。我每天积极阅读糖尿病相关的资料，并把家里的厨房当成研发减糖饮食的"实验室"，书架上也陈列着满满的减糖饮食书籍。通过一段时间的研究和尝试，我做出了各种美味的减糖料理，成功地改善了自己与亲友们的血糖水平。我的减糖饮食也让周围想减肥的朋友很开心，因为按照我的方法吃不仅不必计算食物的热量，不会有饥饿感，可以吃饱，而且很快就可以看到减肥的效果。

减糖饮食在日本已非常普及，有专门的餐厅，相关的书籍也已发行了几百万册，零糖类的面、啤酒、清酒，低糖类的甜点，不含淀粉的面包等到处都买得到，超市和市场中都有低糖或无糖的食材和食品出售。中国虽然已有一些无糖商品出售，但生活中关注减糖的人还不是太多，且自己烹调减糖料理的人很少，因此我很想跟中国的减糖饮食实践者分享减糖健康料理的理念和制作方法。

本书的减糖健康料理包括不含淀粉的主食、无麸质的面包和点心、不含碳水化合物的甜点及饮料等。大部分减糖料理制作起来都很简单，只要几分钟就能做好。只要你愿意改变，就能成功减轻体重、控制血糖，从而收获健康生活。

严格来说，人不可能做到"断"糖，因为有些蔬菜也含糖。有些人以为"断"糖是不吃任何含糖的食物，因此平时只吃肉、鱼、乳制品、蛋等，但长期保持这种饮食方式无益于健康。

因此，本书中介绍的减糖食谱都是用低糖类的食材做成的。有些食材您可能没有吃过甚至没听说过，但请您勇敢地试试看吧！其中一些食材，我最初也不知道应该如何烹调，只好反复尝试并试吃。有些食材需要多次尝试、亲身体验后，才能掌握其烹调方法，但这些尝试能让您的饮食方式更健康。

这本书从策划到完成花了快三年的时间，之所以用了这么久，是因为我想使这本书的内容更丰富、更有层次，多分享一些我的减糖经验，并且详细介绍减糖饮食的好处和常用的低糖食材及用法。我衷心希望各位读者能通过尝试减糖饮食来改善身体状态，收获健康。最后，我要感谢卢宏烈先生和徐榕志摄影师，他们分别为本书绘制了美丽的插图和拍摄了好看的照片。希望这本书能传递给读者一种健康饮食新思维。

目录 *Contents*

第1章

减糖，让人苗条又健康

让自己一辈子苗条又健康的
"减糖饮食法" — 2

采用"减糖饮食法"，一个星期就能变瘦 — 2

减肥时不但可以吃饱，还能减肥！— 3

减糖饮食法原则：减少淀粉等糖类的摄入量 — 4

用蛋白质和脂肪代替糖类 — 5

不吃一般的主食时，应补充其他能给身体提供能量的食物 — 6

增肌需要配合运动 — 7

减糖饮食搭配原则 — 8

减糖，开启新的生活方式 — 9

吃"仿食"，远离糖类含量高的主食 — 9

让人热泪盈眶——"安心巧克力"的威力 — 10

一个星期就能减肥 — 11

第 **2** 章

专访 Dr. 克拉格：

减糖饮食的 25 个关键

减糖的基本知识 — 14

1. 糖类的概念是什么？ — 14
2. 减糖时应避免吃哪些食物？ — 15
3. 我应该从什么时候开始减糖？ — 17
4. "断食"对减糖的人来说有好处吗？ — 18
5. 减糖期间可以吃水果吗？ — 18

减肥和减糖饮食 — 19

6. 减糖对健康有何好处？ — 19
7. 减糖饮食法对减肥瘦身真的有效吗？ — 20
8. 低脂食物对改善糖尿病或减肥有效果吗？ — 21
9. 减肥成功后，可以重新开始吃米饭或面包吗？ — 21
10. 生酮饮食和减糖饮食相比，哪一种减肥效果比较好？ — 22

控制高血糖和减糖饮食 — 23

11. 开始减糖后，如何知道我吃得对不对？ — 23
12. 肥胖的儿童也可以减糖吗？ — 24
13. 抗糖化是什么意思？减糖为什么能抗衰老？ — 25
14. 减糖和控制热量摄入量有什么区别？ — 26
15. 一天摄取多少糖类比较好？ — 26
16. 严格的减糖饮食，一天可以摄取多少糖类？ — 27

素食者如何减糖 — 28

17. 素食者如何减糖？ — 28
18. 减糖时需要摄入哪些油脂？哪些油脂比较健康？ — 28
19. 椰子油对健康有益吗？ — 30

运动与其他营养素补充 — 32

20. 减糖时，应该配合什么运动，保持多大的运动量比较合适呢？ — 32
21. 我很胖，也不习惯运动，该怎么办呢？ — 32
22. 什么是 HIIT 训练方法？ — 33

23. 我没时间运动怎么办？ — 33

24. 减糖时，女性需要特别注意补充哪些维生素？ — 34

25. 哪些矿物质有助于改善胰腺功能？ — 34

第3章

实践减糖的健康饮食

减糖饮食的基础 — 36

转变观念，调整饮食习惯 — 36

改变厨房 — 37

饮食习惯的大改变：食材替代 — 40

选择食物的原则 — 42

● 主食类 — 42　　　　　● 蔬菜类（薯芋及根茎类） — 44

● 蔬菜类（叶菜及花菜类） — 46　　● 蔬菜类（瓜果类） — 47

● 海藻类 — 48　　● 菌菇类 — 49　　● 水果类 — 50

● 豆类及其制品 — 52　　● 乳制品、蛋类 — 53

● 肉类、海鲜类 — 54　　● 坚果类 — 56　　● 糖类调味品 — 57

● 饮品类 — 58　　● 酒类 — 60

减糖饮食的常用食材 — 61

● 琼脂粉、琼脂条 — 62

● 魔芋面、魔芋米、魔芋冻、魔芋粉 — 63

● 洋车前子壳粉 — 64

● 丹贝 — 65

● 椰子油 — 66

● 椰奶 — 67

● 橄榄油、苦茶油 — 68

◉ 赤藓糖醇、甜菊糖 — 69

◉ 扁桃仁粉（烘焙用）— 70

◉ 瓜尔豆胶 — 71

◉ 奇亚籽 — 71

◉ 鸡蛋 — 72

◉ 零添加纯酿酱油 — 73

应该从哪里买低糖食材 — 74

上班族也能减糖 — 76

省时又健康的烹调法 — 76

一周的减糖计划 — 76

利用现成的冷冻食材 — 77

食材预处理方法 — 78

◉ 肉类、海鲜类食材预处理方法 — 78

◉ 豆类及其制品预处理方法 — 79

◉ 蔬菜和菌菇类预处理方法 — 80

◉ 水果预处理方法 — 83

上班族如何吃减糖三餐 — 84

◉ 减糖早餐示范 — 84

◉ 减糖午餐示范 — 85

◉ 减糖晚餐示范 — 86

◉ 减糖下午茶示范 — 87

◉ 用常备菜做韩式蔬菜拌饭 — 87

外出就餐、聚会、过节……

减糖的人怎么吃？— 88

外出就餐的陷阱 — 88

聚餐：是快乐还是烦恼？— 91

自己做节日美食 — 93

◉ 小野低糖大月饼 — 94

第4章

减糖健康厨房

低糖果酱

蓝莓果酱 — 96
草莓果酱 — 96
柠檬卡仕达酱 — 97
南洋炼乳 — 97

沙拉酱

万能沙拉酱 — 104
芝麻沙拉酱 — 104
意大利沙拉酱 — 105
酸奶沙拉酱 — 105

料理酱

减糖番茄酱 — 98
安心素沙茶酱 — 99
扁桃仁甜面酱 — 100
泰式绿咖喱酱 — 100
减糖酱油膏 — 101
健脑益智坚果酱 — 101

调味酱

蒜蓉豆豉酱 — 106
甜辣酱 — 106
海山酱 — 107
安心担担面酱 — 107

美乃滋

嫩豆腐美乃滋 — 102
酸奶美乃滋 — 102
奶油奶酪美乃滋 — 103
山葵豆浆美乃滋 — 103

蘸酱

墨西哥式牛油果酱 — 108
拉帕尔马香菜酱 — 108

万用高汤

海带高汤 — 109
日式味噌汤 — 109
地中海味噌海鲜汤 — 110
意大利蔬菜汤 — 110
菜花浓汤 — 111
菠菜青翠汤 — 111

基本仿饭

菜花仿饭 — 112
菜花高纤仿饭 — 114
魔芋仿饭 — 116
魔芋高纤仿饭 — 117

仿饭变化款

蛋炒菜花仿饭 — 118
仿稀饭 — 119
四角海苔仿饭包 — 120
三角海苔仿饭团 — 122

海苔卷寿司

仿加州卷 — 124
手卷仿饭寿司 — 125

无淀粉仿面料理

意大利番茄魔芋面 — 126
蘑菇鲜奶油魔芋面 — 127
星洲风炒魔芋面 — 128
雪白泡菜魔芋面 — 129
萝卜丝萝卜汤面 — 130
一分钟琼脂汤面 — 131

低糖沙拉

金枪鱼四季豆沙拉 — 132
西蓝花鸡肉沙拉 — 133
什锦海鲜沙拉 — 134
牛油果鲜虾沙拉 — 135

低糖主菜

比目鱼配柠檬黄油汁 — 136

美国红酒 T 骨牛排 — 137

柠檬香草煎鸡腿 — 138

迷你牛肉卷 — 139

经典炭烧猪颈肉 — 140

日式香煎鳕鱼 — 141

低糖点心

仿绿豆糕 — 153

九份仿芋圆 — 154

无淀粉仿粽子 — 155

无淀粉凤梨酥 — 156

德国风仿面包 — 158

蒸的！仿吐司面包 — 160

卡西的仿面包 — 161

低糖家常菜

幸福蒲烧素鳗鱼 — 142

安心炸鸡 — 144

普罗旺斯奶酪烤西葫芦 — 146

孝善洋菇 — 147

黄金菜花 — 148

炒核桃丹贝 — 149

超简单韩式泡菜 — 150

印尼辣味猪肉汤 — 151

虾仁蒸蛋羹 — 152

低糖蛋糕

巧克力布朗尼 — 162

低糖苹果塔 — 163

和风红豆抹茶蛋糕 — 164

超简单芝士蛋糕 — 166

醇香咖啡蛋糕 — 168

马克杯玛芬 — 169

低糖饼干

抹茶饼干 — 170
巧克力饼干 — 171
超简单奶酪脆饼 — 172
法式瓦片酥 — 173

低糖巧克力

基本款巧克力 — 180
松露巧克力 — 182

低糖冰激凌

绿茶冰激凌 — 184
霜冻牛油果酸奶 — 185

低糖饮品

香醇扁桃仁奶 — 174
印尼式牛油果咖啡 — 176
黑玛瑙珍珠奶茶 — 177
零糖莫吉托 — 178

第1章

减糖，让人苗条又健康

让自己一辈子苗条又健康的"减糖饮食法"

采用"减糖饮食法"，一个星期就能变瘦

没有人想一直当个胖子，但减肥真的不是一件容易的事。在这本书中，我将教给大家既能瘦下来，又能控制血糖、抗衰老、变年轻的饮食法。而且，这种饮食法能让你无须一直计算食物的热量，更无须挨饿。只要正确地选择食材，做出减糖料理，就可以吃出健康、吃出苗条！

既苗条，又健康，不正是我们追求的美好人生吗？开始行动吧！

减糖时不但可以吃饱，还能减肥！

"婚礼马上就要举行了，一个月后一定要能穿得上礼服，我需要减肥！"

"下个月要参加同学会，有没有办法在短时间内减重2～3千克？"

"要参加舞会了，试穿去年的衣服，才发现腰那儿太紧，该怎么办？"

其实，你可以不用那么烦恼，只要"调整"一下自己的身材就行！只要愿意减肥，上述的问题几乎都能解决！或许你曾经试过，但效果始终有限。不要灰心，不妨试试我的建议，那就是两个星期不吃淀粉，相信我，一定会收到成效。因为我们的主食大部分是淀粉类食物。不吃淀粉的意思是避免摄取米饭、面包和面食，当然也必须远离其他含糖量高的食物，如薯芋类及根茎类蔬菜（如芋头、马铃薯等）和甜食，还包括市面上销售的甜点和含糖饮料。两个星期后，你会感觉到自己的身体焕然一新。

先试着一周不吃淀粉

你可以先试着一个星期不吃含淀粉的食物。如果身体没有不良反应，不妨朝两个星期不吃含淀粉的食物努力。每天看着体重秤上的数字越来越小，你一定会觉得非常开心。

〈 不吃含淀粉的食物 〉

✕ 米饭　　　　　✕ 面包　　　　　✕ 面食

减糖饮食法原则：减少淀粉等糖类的摄入量

如果想要有效率地减肥，就要遵守减糖饮食法基本原则，即减少淀粉等糖类的摄入量。不吃含淀粉等糖类的食物很难吗？其实并不难，因为你还有其他的选择，例如：你可以选择肉类、海鲜类、蛋类等食物，还可以选择蔬菜沙拉、坚果。这种以肉类、蔬菜类、菌菇类、坚果类食物为主，减少含糖量高的食物的摄入的饮食法，称为"减糖饮食法"。

▲ 你也可以自在享用含糖量低的下午茶

如果你爱吃甜食，那也没问题！你可以改用天然的调味品（如赤藓糖醇、甜菊糖）和低糖的食材做出美味的甜点。虽然低糖的食材也是有热量的，但是没关系，因为我们的身体需要补充热量才能维持正常的生理功能。请记住，减糖饮食不是要完全限制糖类的摄入，而是要注意控制摄入量。

当你开始减糖后就会明白，其实只要减少摄入淀粉及糖分含量较高的食物（如含糖量高的水果及市售的甜点），就能轻松达到减重的目的。相比于计算热量的节食减肥法，这种方法更容易坚持，因为它不像节食法那样让人餐后还会有饥饿感。

100+250+20+30+……=? 千卡

用蛋白质和脂肪代替糖类

蛋白质和脂肪对血糖的影响不像糖类那么大，因此摄入适量肉类、海鲜类食物不会导致血糖骤然上升，而稀饭、吐司、水饺、山药、马铃薯、面条等含糖量高的食物会让血糖迅速上升。

区分胰岛素分泌量正常和不正常的标准是看血糖上升后回落至正常值的用时。例如：我的身体胰岛素分泌量极少，所以如果吃含糖量高的食物或者不确定某种食物对血糖值的影响的话，可在饭后 1 小时和 2 小时分别进行自我血糖监测。如果 2 小时后血糖仍然较高的话就代表吃得不合理，以后要注意。现在市面上很容易买到血糖仪，还有不需采血的可以 24 小时持续监测血糖的仪器可供选择。

▲重点是吃得合理

不吃一般的主食时，应补充其他能给身体提供能量的食物

有的人面临过胖的问题，有的人则面临过瘦的问题。我刚开始减糖的时候也有误区，一味地不吃米饭、面包、马铃薯等糖类含量高的食物，结果是原本就很瘦弱的我变得更瘦了，甚至每天都害怕称体重。后来才明白，体重一直下降的原因是没有摄入足够的能量。

实施减糖饮食期间，必须相应地补充其他能给身体提供能量的食物。也就是说，应该多补充富含蛋白质和脂肪的食物，以便摄入足够的能量。因此，后来我开始将低糖面包蘸着橄榄油吃，积极地使用橄榄油来烹调，多吃动物性食物和坚果。慢慢地，我恢复到了原来的体重。

 小野聊天室

荞麦面、粉丝是低糖食品吗？

▲粉丝不是低糖食品

有一次，我到日本拜访朋友，特意跟朋友说明了我的饮食习惯：我不能吃米饭、面条、面包等食物。结果她说："没问题，我有很好吃的荞麦面！"

一般来说，我们会觉得荞麦面比白面条健康，类似的想法还包括全麦面包比白面包健康、糙米饭比白米饭健康等。其实荞麦面的含糖量也不低，而且日式荞麦面的汤汁中也含有砂糖等成分，所以一碗荞麦汤面的含糖量会更高。

我的朋友还说："你不能吃淀粉，那么可以吃粉丝吧？"我的朋友认为粉丝不是由面粉制成的，所以没有关系。其实，粉丝也属于淀粉类食物，我告诉她："粉丝其实是用绿豆淀粉做的，含糖量很高（100 g中含85 g左右）。"

增肌需要配合运动

对于肥胖人士或偏瘦的人士来说，减糖饮食法和适度运动均是维持健康的关键。除了多摄取蛋白质外，肥胖的人在减肥后还要锻炼身体，避免体质变弱，而偏瘦的人也要增肌，这是维持健康的重要原则。

富含糖类的主食

米饭类

面类

面包类

富含糖类的其他食物

水果类

根茎蔬菜类

炸物（外层含有淀粉的食物）

果汁等饮料

蛋糕、点心类

减糖饮食搭配原则

减糖时，基本饮食搭配原则是：用魔芋面、菜花仿饭等含糖量低的主食代替米饭、面条、馒头等含糖量高的主食，搭配富含优质蛋白质的肉、海鲜、蛋或豆制品，以及含糖量低的蔬菜。这样就可以在不用计算食物的热量、不饿肚子的情况下轻松达到减重的目的。一般来说，想要在短时间内减重的话，将每天的糖类摄入量控制在 60 克以下就可以看到比较明显的效果。本书在第 3 章中给出了一些搭配示范，减糖时可以参照示范准备每餐的饮食。也可以根据饮食搭配原则和第 4 章中的食谱自己进行搭配。

〈 减糖饮食法金字塔 〉

不吃

少量吃

不要过量吃

可以吃

可以吃

减糖，开启新的生活方式

吃"仿食"，远离糖类含量高的主食

对我来说，家里的厨房就是我的"减糖饮食实验室"。有时候，我会待在里面闭门不出，整日埋头研究各种减糖料理。不论是仿米饭、仿炒饭、仿炒面、仿粥、仿寿司、不含淀粉的面包、汤面等主食，还是低糖的巧克力、饼干、蛋糕等点心，我做的减糖料理的含糖量都非常低。

▲不含淀粉的柠檬蛋糕

减糖时，最头疼的部分是如何吃主食和甜食。其实除了主食和甜食外，可以吃的食物还有很多，例如肉类、海鲜、蔬菜等。

我做的仿食，外形和仿照的食物差不多，但味道和口感不一定完全相似。就拿无淀粉凤梨酥、无淀粉仿粽子、黑玛瑙珍珠奶茶来说，有的味道相差无几，有的口感的层次不一样。但是总的来说，这些食物还是比较好吃的，而且含糖量都相当低，吃了不会使血糖骤然上升，可以说既美味又有利于健康。因此如果你觉得口感或味道与仿照的食物不太一样的话，请不

▲无淀粉寿司

要苛求。其实，做减糖料理时，不需要力求完美，重要的是让想要减糖的人可以安心地吃。

我邀请朋友到家做客时，会给朋友煮一般的米饭，给自己则会用菜花或魔芋做"仿米饭"。只要反复尝试，成果一定会让你感到十分惊喜。

一碗白米饭含糖量为70 g	一碗糙米饭含糖量为52 g	一碗菜花仿饭含糖量为3 g	一碗魔芋仿饭含糖量为4.4 g
白米饭含糖量高，且容易造成血糖升高	属于低GI值（血糖生成指数）食物的糙米饭，对胰腺功能不正常的人来说还是会造成血糖升高	菜花富含水溶性B族维生素和维生素C	用魔芋做成的仿饭能量几乎为零

让人热泪盈眶——"安心巧克力"的威力

决定减糖之后，是否就必须与巧克力绝缘呢？

巧克力的主要成分是可可，且含有多酚，本身对健康是有益的，但是因为市售的巧克力中大部分都含砂糖，所以减糖期间是不能吃的。但是我做的低糖巧克力不存在这种问题，因为其中不含砂糖。

我曾开过减糖饮食的相关课程，其中介绍了几种低糖食材的烹调方法，来宾大多自己或家人是糖尿病患者，还有一些人是为了减肥和让饮食更健康。我请大家品尝我制作的巧克力，有一位很可爱的年轻姑娘踌躇不决地问了我好几次："我真的可以吃吗？我已经有五年没有吃过巧克力了。"

我告诉她："这种巧克力是安全的，吃3个也不会影响血糖值。请放心地吃吧！"

"真的可以吃吗？"她再一次发问。

我再三保证后，她终于经不住诱惑吃了一块，边吃边说："啊！真好吃！真好吃！"然后高兴得流下了眼泪，我也情不自禁地流泪了。

我相信，只要不断研究与尝试，就一定可以研发出更多低糖美食，就如同这一颗安心巧克力一样，它们会给我们带来生活中的"小确幸"。

▲ 请尝尝低糖巧克力吧！
（做法详见p.181）

一个星期就能减肥

我有一位朋友住在美国旧金山，她面临着肥胖的问题，很想减肥。我曾在她家逗留过一个星期。因为我必须吃减糖饮食，所以建议她和我一起在家用餐，每天我来做料理，这样不仅可以避免我在外面用餐时会吃到许多我不能吃的菜和调味品，保证每天能吃到新鲜的蔬菜和海鲜，还可以省钱，毕竟旧金山的物价非常高。听到我的建议，她非常高兴地同意了。

每天我们会一起到超市和市场买各种新鲜的蔬菜和鱼类。早餐会吃用扁桃仁和黄豆粉做成的英格兰松饼（玛芬蛋糕），晚上则会煎鱼、做沙拉和炒青菜。

前往旧金山时，我特地带了一袋赤藓糖醇。每当我离家或是住在有厨房的酒店时，一定会带一袋赤藓糖醇和一袋扁桃仁粉，因为有的地方不容易买到。我的

朋友非常喜欢我做的减糖料理。一个星期后，她称体重的时候发现体重少了1千克，对此她感到非常吃惊。

我最近去了日本九州，在一个高中同学的家里逗留了10天。她很会做料理，还特地跟我学习如何做减糖料理，如何避免使用日本料理中常用到的砂糖和味醂。我对她说她可以吃她想吃的，不需要迁就我，但她还是有顾虑，有的时候不吃米饭，有的时候只吃半碗饭，吃的时候还会对我说不好意思。

我们每餐的饮食包括低糖面包、沙拉、炒青菜、煎蛋、培根、煮蔬菜汤、蒸鸡胸肉等。过了一个星期，她去看她的母亲时，母亲一见面就问她："你减肥了吧？"同学听了高兴得不得了，发现减糖确实能让人变瘦。

后来，我回德国之后，她发邮件对我说："我也要坚持减糖！"

▲和日本的朋友们一起吃减糖料理！减糖料理的功效让大家感到无比惊喜，尤其是真的会让人变瘦

第2章

专访 Dr. 克拉格：

减糖饮食的 25 个关键

减糖的基本知识

三年前，我的朋友黄火盛先生到德国做检查时，发现自己有血糖高的问题，于是向我的先生 Dr. 克拉格请教关于疾病预防、健康管理和减糖饮食的专业问题。下面我将他们的对话整理成 25 个问答提供给本书的读者。通过阅读这些问答，读者可以进一步了解减糖饮食的相关知识及作用，感受减糖后一周就能瘦身、改善健康状况的神奇效果。

 糖类的概念是什么？

Dr. 克拉格：糖类又称碳水化合物，人体生命活动所需的能量主要由糖类提供。营养学上将糖类分为以下四类：单糖、双糖、寡糖和多糖。营养学上具有重要作用的多糖有三种，即糖原、淀粉和纤维。纤维是指存在于植物中不能被人体消化吸收的成分，存在于食物中的各类纤维统称为膳食纤维。本书中所指的减糖饮食、限制糖类的摄入量是指减少摄入可被人体吸收利用的糖类。而像赤藓糖醇这样的甜味剂能量低、口感好，适合被应用到减糖饮食中。

减糖时应避免吃哪些食物?

Dr. 克拉格: 应避免吃含糖量高的食物,例如淀粉类主食、糖果、蛋糕、果汁、含果糖的饮料(包括无酒精饮料)等。尤其是果糖含量高的无酒精饮料,长期饮用容易让人上瘾,从而危害健康。

〈 含糖量高的食物举例 〉

白米饭1碗 → =14块 含糖量约为56 g

糙米饭1碗 → =13块 含糖量约为52 g

三角饭团1个 → =10块 含糖量约为40 g

香蕉1根 → =7块 含糖量约为28 g

吐司1片 → =6.5块 含糖量约为26 g

柿子1个 → =6.5块 含糖量约为26 g

意大利面1份 → =14块 含糖量约为56 g

蔬菜汁1盒(200 ml) → =5块 含糖量约为20 g

三明治1份 → =10块 含糖量约为40 g

可乐1瓶(500 ml) → =13.25块 含糖量约为53 g

有些含糖量高的食物尝起来不一定是甜的，因此很容易被忽视，譬如白米饭、面包、面条等都属于含糖量高的食物，容易造成血糖快速上升，还有很多经过精加工的食物的含糖量也很高。只要知道最好避免食用的食物有哪些，掌握选择低糖食材的窍门，养成自己在家动手制作减糖料理的习惯，我们就可以吃到很多好吃的食物。

〈 含糖量低的食物举例 〉

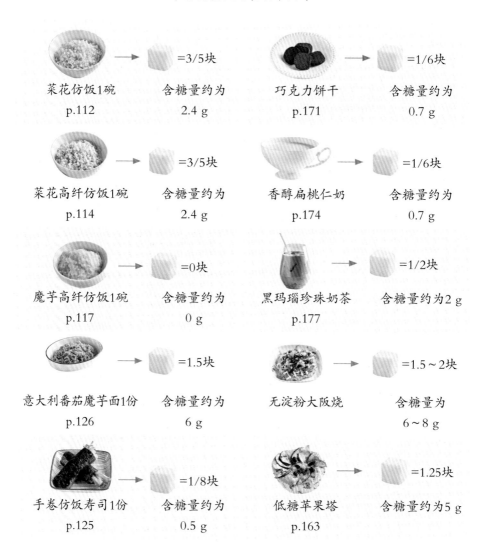

菜花仿饭1碗
p.112
含糖量约为
2.4 g

巧克力饼干
p.171
含糖量约为
0.7 g

菜花高纤仿饭1碗
p.114
含糖量约为
2.4 g

香醇扁桃仁奶
p.174
含糖量约为
0.7 g

魔芋高纤仿饭1碗
p.117
含糖量约为
0 g

黑玛瑙珍珠奶茶
p.177
含糖量约为2 g

意大利番茄魔芋面1份
p.126
含糖量约为
6 g

无淀粉大阪烧
含糖量为
6～8 g

手卷仿饭寿司1份
p.125
含糖量约为
0.5 g

低糖苹果塔
p.163
含糖量约为5 g

3 我应该从什么时候开始减糖?

　　Dr. 克拉格:立刻开始!即使目前身体健康,没有血糖问题,也应该减糖,尤其是在 40 岁以后,每个人都最好重新审视一下自己的饮食习惯。临床试验数据显示,减糖有益于维持身体健康、保持体形,更重要的是能够避免肥胖带来的一系列健康问题,降低高血脂、高血压、高血糖等疾病的发病率。

　　再强调一次,含糖量高的食物不一定都是甜的,所以对任何食物都不要放松警惕。此外,现在很多精加工食品的含糖量都很高,因此也需要特别留意,尤其是有些加工食品戴着"面具",容易给消费者造成误解,例如:用代糖做的"无糖饼干",实际上原材料中的面粉的含糖量很高;用荞麦粉做的"低糖面包",实际上含糖量也不低;不添加糖的水果"思慕雪"(一种含有水果、酸奶、燕麦和坚果的饮品)中如果含有大量含糖量高的水果,也容易引起高血糖。这些食品难懂的宣传语和偷换的概念很容易让我们误会,认为它们是安全的低糖食品。因此,为了保持身体健康,我们要掌握选择食物的窍门,尝试自己动手,就能安心地享用自己烹饪出的低糖美食。

▲低糖饼干很容易做,即使是没有烹饪基础的新手也没问题,只要搅拌、使其成形、烤制就可以了,成品会让人成就感十足

▲吃让人安心的减糖料理,喝一杯红酒,即使不能喝啤酒也没有关系

"断食"对减糖的人来说有好处吗？

Dr. 克拉格：有好处。断食也是调整新陈代谢、保持身体健康的一种方法，这种方法可以让胰腺得到充分的休息。断食期间记得要摄取足够的水分。目前我的饮食规律是：每天吃两餐（早午餐和晚餐），晚餐在八点以前结束，直到第二天早午餐之前不吃任何东西，每个星期五的晚上不吃晚餐。

连续 15 个小时不进食的"间歇断食"对身体有益，例如有利于燃烧脂肪、降低胆固醇、提升新陈代谢等，还可以让肝脏得到休息，提升身体的排毒机能。如果想在星期六断食的话，建议星期五晚上少吃一点儿，断食当天摄取足够的水分（可以喝蔬菜汁、清汤）。星期天开始正常进食，但要注意应先吃不会给胃造成负担的稀软食物（例如蔬菜汤），避免吃脂肪含量高的食物，慢慢地过渡到日常的饮食。另外，有慢性病的患者需先征求医生的意见再决定是否进行断食。孕妇和青少年不宜断食。

减糖期间可以吃水果吗？

Dr. 克拉格：能否吃水果要看水果的种类、甜度和进食量，一般来说可以适量吃。现在很多人买水果的时候喜欢买外形又大又漂亮、甜度很高的水果，而这样的水果多是人工培育出来的，品种经过反复改良，与百年前没有经过改良的水果外形和口感都不一样，以前的水果看起来又丑又小，味道还很酸。虽然水果含有丰富的维生素，但甜度高、含糖量高的水果并不适合减糖人群食用，尤其不能过量食用。

平时吃水果的时候，可以查阅本书附赠的《常见食物含糖量速查表》，两餐间可以吃一份含糖量在 5 克左右的水果。一般的热带水果，例如榴梿、杧果、凤梨、荔枝等，含糖量都很高，需要特别注意食用量，可能只能吃一小口。

减肥和减糖饮食

 减糖对健康有何好处？

Dr. 克拉格：除了可以降血糖之外，坚持减糖还可以有效减重，长期坚持可以终身不复胖。在德国，肥胖问题特别严重，经常有尝试过很多种节食法但还是没能成功减肥的人来我的诊所咨询，我都会向他们介绍减糖的观念和方法，并告诉他们制作低糖黑面包的食谱（对于大多数德国人来说不能吃面包是一个很大的烦恼）。实践证明，采用减糖饮食法的人都获得了不错的减肥效果。

根据我多年的诊疗经验，长期减糖还能改善高血脂、高血压等症状，对预防动脉粥样硬化有益。总的来说，采用减糖饮食法不但能瘦身、抗衰老，还能预防"三高"和心血管疾病，全面改善身体健康状态。

 Dr.克拉格诊疗室

肚子上的肉比较多会影响健康吗？

不要忽视腹部肥胖现象，因为这可能意味着你的内脏脂肪过多。而内脏脂肪过多会对健康造成严重的影响，例如导致代谢紊乱、患心血管疾病的风险增加等。随着年龄增大，这种负面影响也会越来越大。长期摄取含糖量高的食物和肥胖，会造成动脉硬化、胰腺功能不良，使人更容易患心脏病和阿尔茨海默病。因此，预防和改善腹部肥胖十分重要，请立即采用减糖饮食法，让腹部的过量脂肪消失，恢复身体健康！

减糖饮食法对减肥瘦身真的有效吗？

Dr. 克拉格：减糖饮食法已被证实具有很好的减肥瘦身效果！此外，减糖饮食法的优点是不必特别注意进食量、不需要计算食物的热量，只需要注意吃下的是什么食物就可以。其实减糖期间能吃的食物的种类有很多，例如肉类、鱼类、蔬菜类、含糖量低的水果和甜点等都是可以吃的，只要避开含糖量高的食物就可以。一般减糖一周体重就会降低。刚开始实践的读者可以参考本书第 4 章中的减糖食谱。

〈 吃得对，不但可以吃饱，还能减肥！〉

低脂食物对改善糖尿病或减肥有效果吗？

Dr. 克拉格：脂肪常常被误认为是个"坏蛋"，许多关于糖尿病的书中也都异口同声地建议糖尿病患者食用低脂、少油的食物和全谷类食物，注意计算食物的热量，导致大家自然而然地认为低脂食物可以减肥，从而选择低脂的食物。但摄取含糖量高的全谷物还是会使餐后血糖迅速上升。

脂肪对身体来说是重要的营养素，在体内氧化后可产生热量，是维持生命活动所必需的。脂肪对血糖影响不大。但是，减糖饮食不是指你可以大量摄入动物性脂肪，而是指可以吃适量蛋白质含量高的肉类和鱼类，还可以多吃富含不饱和脂肪酸的植物油，如冷榨橄榄油、紫苏籽油、茶油等。

▲魔芋几乎不含可被人体吸收利用的糖类，适合减糖人群食用

 减肥成功后，可以重新开始吃米饭或面包吗？

Dr. 克拉格：减肥成功后，建议还是坚持减糖，少吃含糖量高的食物，否则容易导致"溜溜球效应"（即减肥反弹），破坏之前取得的成果，陷入"减了又肥，肥了又减"的循环。这种循环对健康十分有害，会增加人患心血管疾病、糖尿病的风险，导致胰腺功能出问题。总的来说，50 岁以上的人士最好减少精制谷物的食用量。

▲"溜溜球效应"对健康有害

▲要停止这种循环

10 生酮饮食和减糖饮食相比，哪一种减肥效果比较好？

Dr. 克拉格：生酮饮食是一种以高脂肪、低碳水化合物为主，辅以适量蛋白质和其他营养素的饮食方案，常见的生酮比例（指脂肪与碳水化合物＋蛋白质）的克数比值在 1：1 到 5：1 之间，即脂肪摄入量占总摄入量的五成以上。生酮饮食原本是用于治疗儿童难治性癫痫的方法，因为也有减脂的作用，近些年来也备受想要减重的人士关注。

相对于生酮饮食，减糖饮食的特点是对脂肪摄入量的比例要求没有那么高，对想要减肥的人来说很有效而且比较容易坚持，不必特别注意吃的量，不需要计算热量，只要注意避开含糖量高的食物即可。对减糖的人来说，可以吃的食物还是多种多样的，不用担心营养素摄入量不足，例如鱼类、肉类、蔬菜、豆制品、鸡蛋、奶酪、坚果、不含糖的甜点等都是可以吃的。

有的人采用生酮饮食是为了控制血糖，而严格执行减糖饮食也能实现同样好的效果，且生酮饮食难以坚持很长时间，而对糖尿病患者和胰腺功能不良的人来说，控制血糖是一辈子的事。减重方面，两者都有效果，考虑选择哪一种饮食方法时，要考虑到该方法是否容易长期坚持，而且最好先征求医生的意见再决定。

生酮饮食和减糖饮食的对比

项目	生酮饮食	减糖饮食
脂肪摄取比例	约80%（可调）	摄取量不定且无限制
一天的糖量摄入量	40 g以下	约60 g以下
作用	治疗儿童难治性癫痫，迅速减重，降糖	减重，控制血糖，预防多种疾病
饮食内容	脂肪含量高的肉类和鱼类，富含动物性和植物性脂肪的食品，如100%中链脂肪酸油（MCT油），建议生饮、定量摄取	不含糖类或含糖量低的食物，多补充优质蛋白质和油脂
应用对象及时长	出于治疗目的时应限期采用，如两个星期；出于减重或控制血糖的目的时可长期坚持，但有学者持反对意见	出于控制血糖的目的可根据实际情况选择应用时长，有很多人出于健康需求决定坚持一辈子

控制高血糖和减糖饮食

 开始减糖后，如何知道我吃得对不对？

　　Dr.克拉格：吃得对不对可以通过观察血糖变化情况得知。尤其是对于糖尿病患者来说，千万不可忽略定期验血的重要性，一定要清楚掌握自己的血糖值。

　　最简单的测血糖方法是进行自我血糖监测，可以每个星期固定某一天测量血糖值，分别在空腹状态、餐后1小时和餐后2小时测量血糖值，这样就可以掌握自己的血糖情况。也可以到医院进行检测，了解自己的糖化血红蛋白水平。

空腹血糖值
3.9 ~ 6.0 mmol/L

餐后1小时血糖值
6.7 ~ 9.4 mmol/L，最高不能超过 11.1 mmol/L

餐后2小时血糖值
不超过7.8 mmol/L

 Dr.克拉格诊疗室

减糖饮食就是减少碳水化合物摄入的饮食吗？

　　一般情况下，可以这么说。糖类又称碳水化合物，营养学上一般将其分为四类：单糖、双糖、寡糖和多糖，其中多糖可分为淀粉和非淀粉多糖两类，前一类是可以被人体消化吸收与利用的多糖，后一类是人体不能消化吸收但对人体有益的膳食纤维。膳食纤维能促进肠蠕动，利于排便排毒，还能降低餐后血糖，辅助防治糖尿病，对减糖的人来说很重要。而碳水化合物（糖类）含量高的食物是采取减糖饮食的人需要避免或减少摄入的。本书中所说的"减糖"中的糖指的是除膳食纤维以外的其他糖类（碳水化合物）。

除膳食纤维以外的糖类和膳食纤维的对比

项目	除膳食纤维以外的糖类	膳食纤维
特点	为人体储存和提供能量，摄入过多可导致肥胖和血糖升高	不能被人体消化吸收，有助于控制体重，降低血糖和胆固醇
种类	单糖（葡萄糖、果糖、半乳糖等），双糖（蔗糖、麦芽糖、乳糖等），寡糖（豆类食品中的棉子糖、水苏糖等），多糖（糖原、淀粉等）	不溶性纤维（纤维素、谷类纤维的主要成分半纤维素、木质素等），可溶性纤维（果胶、树胶和粘胶等），抗性淀粉（低能量淀粉、糖酮等）

 肥胖的儿童也可以减糖吗？

Dr. 克拉格：如今，儿童也会陷入易患 2 型糖尿病的危机。在日本的香川县，因为成人患糖尿病的比例高，所以进行了针对儿童的血糖值检测。2015 年的检测结果显示，当地 10 岁的儿童中，已有 10% 以上的儿童出现代谢综合征的征兆：有 13.5% 的男孩和 10.6% 的女孩存在脂代谢异常，有 14.5% 的男孩和 13.6% 的女孩存在胰岛素抵抗及／或葡萄糖耐量异常，未来罹患糖尿病的风险较高，而以上数字都有上涨的趋势。究其原因，可能与香川县的特产是乌冬面，当地居民日常习惯吃乌冬面等含糖量高的食物有关。

患 2 型糖尿病的儿童中，大部分面临肥胖问题。年轻人的胰岛素分泌能力还很强大，但如果机体对胰岛素的反应性降低，就会导致胰岛素无法发挥其功能，这种现象称为胰岛素抵抗。饮食治疗对任何类型的糖尿病都是行之有效的最基本的治疗措施。我建议肥胖儿童应增加蛋白质的摄入量，注意摄入优质脂肪，补充富含多种维生素和矿物质的食物，例如绿叶的蔬菜和不太甜的水果（适量），合理控制能量摄入总量，还需要根据运动量和实际情况确定能量的摄入量。父母可以为孩子做示范，如晚餐陪孩子一起吃减糖饮食。

抗糖化是什么意思？减糖为什么能抗衰老？

Dr. 克拉格：糖化反应是指人摄取的糖类与人体内的蛋白质结合、氧化，生成一种名为糖化终产物（AGEs，Advanced Glycation End Products）的物质，这种物质会破坏真皮层中没有糖化的胶原蛋白，导致肌肤衰老，出现皱纹、松弛、色斑等。实验表明，这种物质还与糖尿病密切相关。简单地说，吃完牛排后再吃冰激凌，这种饮食组合就会引起体内的糖化反应。因此，远离精制糖、加工糖，控制糖类摄入量有助于减少 AGEs 生成，从而有助于抗衰老。

此外，天然抗氧化剂（如维生素 C 和槲皮素）已被证明可以阻碍 AGEs 的形成，一些天然的植物酚类物质可以减少 AGEs 对健康的负面影响，α - 硫辛酸（Alpha Lipoic Acid）也被一些学者称为"超级抗氧化剂"。因此，多摄入绿茶、新鲜的水果和蔬菜、动物肝脏有助于抗糖化。需要注意的是，α - 硫辛酸可能提高 2 型糖尿病患者体内的细胞对胰岛素的敏感度，因此已经注射胰岛素和服用降血糖药物的患者有可能需要调低药物的使用剂量，以免血糖过低。另外该物质可能会抑制三碘甲状腺原氨酸（T3）的生成，甲状腺功能低下者、孕妇和处在哺乳期的妈妈应避免摄入。

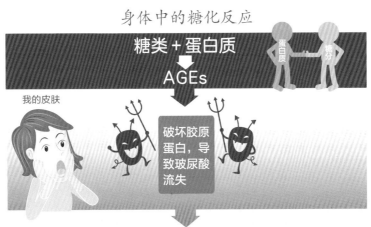

身体中的糖化反应

糖类 + 蛋白质

AGEs

我的皮肤

破坏胶原蛋白，导致玻尿酸流失

引起皮肤老化
（黯淡无光、失去弹性、皱纹横生、形成色斑）

14　减糖和控制热量摄入量有什么区别？

Dr. 克拉格：控制热量摄入量是传统的减肥、控制血糖的方法之一，其本质是限制热量摄入，提升热量消耗，使脂肪更容易燃烧。控制热量摄入需要计算每餐摄入的热量，远离高热量的油脂类食物，采取低脂饮食。针对由肥胖引起糖尿病的人群来说，这种方法有一定的减肥、促进胰岛素分泌正常化的作用。但对本身偏瘦、胰岛素分泌不足的人来说，这种方法控制血糖的作用有限，还会导致本来就很瘦的患者更瘦。

对于偏瘦、胰岛素分泌不足和想要自己控制血糖的人群来说，控制热量摄入量的方法作用不明显，采用减糖饮食法才能有效降低血糖值。而对想减重的人群来说，减糖饮食鼓励多吃优质蛋白质和脂类，这样不仅可以吃饱，而且可以吃的食物的种类也很多，实践起来更方便，更容易坚持。

15　一天摄取多少糖类比较好？

Dr. 克拉格：糖类的摄取量要根据血糖水平、胰岛素分泌量、年龄、性别、体重、劳动强度、活动量等确定。一般来说，想要控制血糖或在短时间内减重的话，每天摄入 60 克以内的糖类就可以看到比较明显的效果。

▲我的晚餐有糖醋鱼、味噌汤、魔芋仿饭、蔬菜沙拉

你可以试着一天摄入 60 克以内的糖类，在餐后测量血糖，或坚持 2 ~ 3 个月后抽血检验糖化血红蛋白，观察效果。慢慢地可以逐渐多摄取一些糖类，观察对自己来说，可以让血糖值维持在安全范围内的糖类摄入量是多少。以吃白米饭为主的饮食习惯在亚洲地区普遍存在，因此减糖时，首先要注意改变这种习惯。

16 严格的减糖饮食，一天可以摄取多少糖类？

Dr. 克拉格：适合减糖到什么程度可根据个人需求和实际情况而定，严格的减糖饮食的糖类摄入量可参考下面两位糖尿病专家的糖类摄入量。

美国的伯恩斯坦医生是一位致力于推广低碳水饮食的糖尿病治疗专家，他是 1 型糖尿病患者。他一直采用特别严格的减糖饮食法，以减少每天的胰岛素注射量。他一天的糖类摄入量在 30 克以内（一般是早餐 6 克、午餐 6 克、晚餐 12 克）。

日本的名医江部康二医生以前是 2 型糖尿病患者，现在他也通过减糖来控制血糖。他建议一天的糖类摄入量为 48 ~ 60 克（早餐 12 ~ 15 克、午餐 18 ~ 22 克、晚餐 18 ~ 23 克）。江部康二医生的这个标准也是非常严格的。

 Dr.克拉格诊疗室 ————

我的糖类摄入量

我目前也坚持实践减糖饮食法。对我个人来说，减糖在控制血糖、维持体重方面的效果非常好。四十年前，我母亲 55 岁时，被确诊为轻度 2 型糖尿病，因此我从很早就开始注意自己的血糖值。那个时候还没有减糖饮食的观念，大家普遍认为吃全麦面包和杂粮、少吃肉、少吃油是维持健康的基本原则，因此我也采取这种饮食方式。在快六十岁的时候，我的糖化血红蛋白开始逐年升高，于是我开始向美国、德国和日本的一些糖尿病专家学习并开始采用减糖饮食法。

我采用的减糖饮食法比较轻松，糖类摄入量保持在早午餐 20 ~ 30 克、晚餐 40 ~ 50 克、零食 5 ~ 10 克左右。

七年前，我的糖化血红蛋白值为 5.9%（正常值为 4% ~ 6%）。开始减糖饮食后，该数值控制得很好，再也没有超过 5.7%，且这两年控制在 5.2% ~ 5.4%。

▲ 用瓜尔豆胶代替淀粉来勾芡

素食者如何减糖

 17 素食者如何减糖？

Dr.克拉格: 素食者需要特别留心多补充优质蛋白质和油脂，例如奶酪、蛋类、大豆及其制品等。重点是要保证每天都摄取足够的能量。这个原则也适用于荤食者和想要减肥的人。减糖时，如果没有摄取足够的能量，皮肤就容易变得粗糙，还会影响身体状态，反而会使人看起来更显老。

对于素食者来说，减糖过程中需要摄入足够的植物性蛋白，例如黄豆、丹贝等，还可以增加蔬菜的摄入量，可选择的范围还是很广的，只要特别注意食物成分表，不要食用成分表中含有玉米粉、米粉、面粉等成分的加工食品就可以了。

18 减糖时需要摄入哪些油脂？哪些油脂比较健康？

Dr.克拉格: 减糖时，身体所需的能量大部分来自蛋白质和脂肪。摄入糖类会让血糖迅速上升；蛋白质需要经过转化才能变成葡萄糖或氨基酸供身体使用，升糖速度较慢，总的来说摄入适量的蛋白质对血糖的影响较小；脂肪本身不会造成血糖上升，只需要注意不要摄入过多的脂肪即可。我建议大家摄取油酸含量丰富的冷压植物油，例如橄榄油、苦茶油、有机菜籽油及紫苏籽油。此外，还推荐减糖人士适量多吃一些鱼类或鱼油来补充能量。

▲鱼类是减糖人士重要的蛋白质来源

▲德国人吃的冷压菜籽油就来自这样的一望无际的油菜花田

对减糖人士来说，还要注意烹调方式，炒菜时要注意油脂的烟点。超过烟点油会开始变质，产生对身体有害的物质，例如冷压橄榄油的烟点为160℃。使用烟点较低的油时，最好用凉拌或其他低温烹调方式；使用烟点较高的油时，可以采取炒、煎等方式。

体内储存的脂类中，绝大部分是以甘油三酯的形式储存于脂肪组织内。脂肪酸是构成甘油三酯的基本单位。常见的脂肪酸有 n-3 系列脂肪酸、n-6 系列脂肪酸、n-9 系列脂肪酸等。建议 n-3 系列脂肪酸和 n-6 系列脂肪酸的摄入比例为 1 ∶ 4。年龄越大，越需要提高 n-3 系列脂肪酸占的比重（可调整为 1 ∶ 2 至 1 ∶ 1），可多摄入鲑鱼、核桃、牛油果、奇亚籽、亚麻籽等食物。

〈 n-3、n-6、n-9系列脂肪酸 〉

名称	油脂种类	建议摄取量
n-3系列脂肪酸	亚麻籽油、核桃油、紫苏籽油、菜籽油 深海鱼（秋刀鱼、沙丁鱼、鲭鱼、鳕鱼、鲑鱼）	建议增加
n-6系列脂肪酸	玉米油、葵花籽油、大豆油、花生油、棉籽油	建议减少，尤其是对于常食用饼干、蛋糕、泡面、美乃滋等加工食品的人来说，n-6系列脂肪酸摄取量已经过多了，这容易引发炎症、心血管疾病、癌症等
n-9系列脂肪酸	橄榄油、苦茶油、菜籽油、牛油果油	建议常备，有利于降低胆固醇，促进免疫系统健康

⑲ 椰子油对健康有益吗？

Dr. 克拉格：椰子油是植物油，富含 90% 的饱和脂肪酸。但是与其他食用油含有的是长链脂肪酸不同，椰子油含有中链脂肪酸，且不含反式脂肪酸和胆固醇，因此可以直接被肝脏代谢。对于长期摄入椰子油对健康是否有益这个问题，学界持不同观点。我认为，这个问题不能一概而论，应该因人而异。

例如，由于饱和脂肪酸可使血液中低密度脂蛋白胆固醇（LDL-C）水平增高，因此原本 LDL-C 水平就高的人就要少吃椰子油。糖尿病患者也需要避免食用椰子油。由于椰子油的代谢更迅速，能被快速利用并产生能量，因此对于脂肪吸收不良者，尤其是消化、吸收和运输脂肪受到阻碍的患者来说，椰子油是不错的选择。

长期大量摄入（每天摄入 1 大匙以上）椰子油的人群可以定期去验血，这样不仅可以了解糖化血红蛋白值，还可以了解血液中低密度脂蛋白胆固醇（常被认为是"坏"胆固醇）和高密度脂蛋白胆固醇（即 HDL-C，常被认为是"好"胆固醇）的含量，这样可以预防疾病的发生。

 Dr.克拉格诊疗室 ────────

可怕的反式脂肪酸

由于人造奶油（margarine）、起酥油（shorten）能增添食品酥脆的口感，且可以长期保存，因此被添加到很多加工食品中，如牛角面包、饼干、甜甜圈、蛋糕等。但这些油脂中含有反式脂肪酸，长期摄入这些反式脂肪酸容易导致血管阻塞，增加患动脉硬化、冠心病的风险，因此建议避免摄取含有反式脂肪酸的食品。

低密度脂蛋白胆固醇与高密度脂蛋白胆固醇

胆固醇是脂蛋白与细胞膜的组成成分，对人体来说必不可少，但是食物胆固醇摄入量与动脉粥样硬化发病率呈正相关。减糖时，由于米饭、面条、面包等含糖量高的食物的摄入量减少，肉类、蛋类、乳制品等富含饱和脂肪酸的食物的摄入量增加，因此很多人会担心这会导致胆固醇水平增高，从而影响身体健康。那么我们应该如何避免这个问题呢？

检查血脂时，基本的检测项目中有两项是低密度脂蛋白胆固醇（LDL-C）和高密度脂蛋白胆固醇（HDL-C）。它们同属于人体脂蛋白。

"好"胆固醇VS"坏"胆固醇

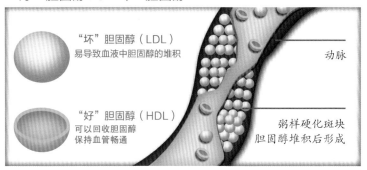

"坏"胆固醇（LDL）
易导致血液中胆固醇的堆积

"好"胆固醇（HDL）
可以回收胆固醇
保持血管畅通

动脉

粥样硬化斑块
胆固醇堆积后形成

胆固醇不溶于水，因此它需要与脂蛋白这种水溶性的载体结合，才能在血液中传输。LDL-C是把胆固醇运到周围组织的"搬运车"，HDL-C是把受到自由基破坏的胆固醇回收到肝脏重新利用的"吸尘器"。LDL-C被认为是"坏"胆固醇，LDL-C水平升高会增加患心肌梗死、动脉粥样硬化的危险。而HDL-C被认为是"好"胆固醇，因为它可以避免被破坏了的胆固醇在血管内越积越多。

那么，减糖饮食者应该如何避免LDL-C水平升高呢？答案是补充脂类时，多摄入富含n-3系列脂肪酸和n-9系列脂肪酸的食物，例如亚麻籽油、紫苏籽油、橄榄油等。同时，尽可能避免外出就餐，减少富含饱和脂肪酸的食物的占比，还要注意配合运动。还建议验血时，留意自己的胆固醇水平，根据实际情况调整不同食物的摄入量。

运动与其他营养素补充

20 减糖时，应该配合什么运动，保持多大的运动量比较合适呢？

Dr.克拉格：古时候，人们会从事打猎、捕鱼、放牧、耕地等劳动，基本一直处于劳动状态。而现代人大多过着每天有八小时坐在办公桌或计算机前、运动量比较小的生活。减糖时，如果配合一定量的运动，效果会更好，但是也不必每天进行高强度的体育锻炼，例如跑马拉松、攀岩、爬高山等。快步行走或慢跑就是一种很好的运动方式，还可以去健身房锻炼、骑自行车、游泳等，每次30~40分钟，每周3~4次，就能取得明显效果。

▲即使在寒冷的冬天，我还是会到户外健走、做运动

我经常前往森林快走。有一次，我碰到了一位75岁左右的老人，他正在手持着两根专用手杖快步行走。他对我说："你知道吗？我一直坚持这样快步行走，这使我的血糖值降低了不少呢！"

21 我很胖，也不习惯运动，该怎么办呢？

Dr.克拉格：如果你有肥胖或血糖高的问题，我建议你在减糖的同时开始尝试健走，如每天餐后过一段时间散步30分钟。注意不能缓慢地走，而是要快步走。等你习惯健走以后，可以配合其他运动，例如骑自行车、游泳或跑步，但不需要进行强度更高的训练。开始减糖和健走后，你能很快达到瘦身目标。

22 什么是 HIIT 训练方法?

Dr.克拉格: HIIT (High-intensity Interval Training) 是指高强度间歇训练，是一种在短时间内交替重复进行短暂高强度的运动和休息的训练技术，它能让人在短时间内提高心率，燃烧更多热量，对改善血糖值也有一定帮助。但是糖尿病患者在进行训练前要先向医生咨询。

▲在西班牙时，我在休假日也会去健走，一般我会沿着橄榄树林健走，每次的目标是7000步。饭后健走有助于降血糖

如果你在健身房用跑步机训练，可以用自己能接受的强度进行这种训练。也可以不使用跑步机，在平地上进行训练，以简单易行为上，因为这是能让你坚持下去的关键。在平地上进行高强度间歇训练很简单，先快走 1 ~ 2 分钟，再回到平常的速度走一会儿，然后再次快走，重复进行 5 次。当你感觉体力充沛、身体状态很好时，可以重复进行 10 次。运动时，要注意监控自己的心率。你的最大心率是 220 减去你的年龄。

例如: 一个人 50 岁的话，他的最大心率为 220 - 50=170 次 / 分。运动时，刚开始心率应控制在最大心率的 80% 左右，即每分钟 136 次。这是非常费力的，在这个过程中他可能会觉得喘不过气来。当身体更健壮时，高强度训练时的目标心率可以设置为最大心率的 90%，即每分钟 153 次，每次 1 分钟，然后回到平常的速度 1 ~ 2 分钟，重复 8 ~ 10 次。

23 我没时间运动怎么办?

Dr.克拉格: 其实每个人都有可以运动的时间，区别在于选择优先处理哪件事。如果实在是太忙，抽不出空来每天或定期运动的话，可以在日常生活中找机会运动，比如平时回家、上下班或坐地铁时不乘电梯改走楼梯，坐公交车时提前一两站下车，多走一段距离。吃了含糖量高的食物后，餐后过一段时间马上快走，就能快速降低血糖值。自己的健康状态取决于改变的决心和毅力。

减糖时，女性需要特别注意补充哪些维生素？

Dr. 克拉格：B 族维生素对女性来说很重要，尤其是维生素 B_6、维生素 B_{12} 和叶酸。它们可以促进新陈代谢，增强免疫功能，保护神经组织和皮肤，促进红细胞、白细胞成熟，影响 DNA 和 RNA 合成。糖尿病患者也应注意补充 B 族维生素。

叶酸在人体内许多重要的生物合成中发挥着重要作用，对女性尤其是孕期女性来说尤为重要，有的妇产科医生会建议女性在备孕期和孕前期适量补充叶酸。暴饮暴食、抽烟、口服避孕药物等均可妨碍叶酸的吸收和利用，从而导致叶酸缺乏。

 哪些矿物质有助于改善胰腺功能？

Dr. 克拉格：糖尿病患者对矿物质的需求量比正常人要大，有了充足的矿物质才能更好地激活胰腺功能。对胰腺来说，重要的矿物质有镁、钙、锌、铬。

· 镁：糖尿病患者如果出现尿糖与酮症酸中毒就会使过量的镁随尿液流失，导致低镁血症，引起胰岛素抵抗。因此糖尿病患者应注意补充坚果、菠菜、西蓝花等富含镁的食物。

· 钙：钙在胰腺分泌胰岛素的过程中发挥着重要的辅助功能。平时可适量补充小虾皮、海带、乳制品、豆类及其制品等含钙高的食物。

· 锌：锌能协助葡萄糖在细胞膜上转运，并与胰岛素活性有关。动物性食物（如海产品、红色肉类、动物内脏）是锌的极好来源。

· 铬：铬摄入不足可引起高血糖。富含铬的食物包括肉类、动物肝、海藻等。

第章

实践减糖的健康饮食

减糖饮食的基础

转变观念，调整饮食习惯

开始减糖前，首先需要做好身体和心理两方面的准备。

多数年轻人的胰腺功能是正常的，没有被血糖问题困扰，这类人群想解决的大多是肥胖问题。对他们来说，减糖一段时间，达到目标体重后，就无须特别严格地限制饮食种类和食量，这样也可以维持理想的体重。除非重新开始摄入过量含糖量高的食物，否则不会轻易复胖。

至于胰腺功能不正常的人，本身就需要在饮食上多下功夫，每餐、每天、每年乃至几十年、一辈子，都要注意吃什么的问题，因为选择了不合适的食物容易造成血糖升高。

▲减糖的关键不在于节食，因此用这种方法减重是可以吃饱的

看到想吃的食物却不能吃，你会难过吗？其实有难过的感受是正常的，我也会有。我刚开始减糖的时候，经常会感到肚子一直饿，所以只要外出就一定会随身带一包扁桃仁当零食。每次我到朋友家做客时，他们也会贴心地为我准备几包烤好的扁桃仁。慢慢地，习惯就会成自然。

糖类含量高的食物的种类很多，味道又千变万化，非常好吃，我们从小到大也习惯了将米饭、面条、面包等当作主食，这种饮食习惯是不容易改变的。比如我五十多年来每天都在吃白米饭、面包、面条及甜食等含糖量高的食物，突然间因为发现血糖有问题而必须控制饮食、改变饮食习惯，当然不是一件容易的事。

但是只要开始尝试，就会切实地感受到身体的改变。

如果你决定要减肥、变年轻、控制血糖、降低胰腺的负担的话，可以试着开始减糖。相信很多尝试过各种减肥方法的人会发现，以前采取的各种节食法大多不是简单而有成效的，因为饥饿会使人变得急躁，而且如果没能成功减重的话会引发更多的负面情绪。

减糖的关键不在于"节食"，而是改变饮食习惯，减少糖类摄入，均衡摄入富含蛋白质、脂类、维生素、矿物质等营养素的食物。因此，采用这种方法减重是可以吃饱的，这种方法也很容易成功，能够让人达到理想体重。请记住，减糖饮食不意味着"不能吃好吃的食物"，相反，习惯了这种健康的饮食方式的人的味蕾会更加敏锐，信心也会更强大！

改变厨房

如果你和家人一起居住，但只有你自己在减糖的话，那么先到厨房里整理一下，腾出一个"减糖空间"。减糖的行为必须是自发的，而且要先做好准备才能开始减糖，也就是说即使家人有血糖高的问题，你也只能影响他们而不能强迫他们与你一起减糖。最好是你先开始减糖，让家人看到饮食习惯改变后身心都会变得更健康的效果，这样可以使他们自发加入减糖的队伍。

1 远离含糖量高的主食和调味品

建立"减糖空间"后，首先要把含糖量高的主食"赶出去"，对米粉、红薯粉等粉类、米饭（包括糙米）、面类说再见。接着还要注意甄别出含糖量高的调味品，例如白砂糖、沙拉

● 远离白砂糖 ✕

● 远离淀粉 ✕

酱。有的食材还会进行"伪装"，如蜜饯、水果罐头等。这些加工食品和添加剂很多的食品不仅含糖量高，还会让味觉变得迟钝，一定要一起清理掉！

2 购买食用油和调味品

采购更健康的食用油和调味品，如富含 n-3 系列脂肪酸和 n-9 系列脂肪酸的亚麻籽油、橄榄油，酱油可以选择无糖酱油。还可以购买赤藓糖醇、甜菊糖等纯天然甜味剂为自制酱料做准备。购买时，最好认真阅读产品的成分表，看看其中是否有添加剂，例如赤藓糖醇中是否添加了蔗糖或人工调味品，是不是100%的赤藓糖醇，食用油中是否含有 n-6 系列脂肪酸，无糖酱油中是否含有白砂糖等。

3 开始自己做酱料

将含糖量高的酱料清理出"减糖空间"后，可以参照本书的第4章学习自制酱料，这些酱料可以使你的减糖餐健康又美味，做起来也更省力。

〈 自制常备减糖酱料 〉

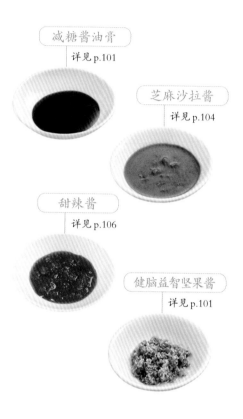

减糖酱油膏
详见 p.101

芝麻沙拉酱
详见 p.104

甜辣酱
详见 p.106

健脑益智坚果酱
详见 p.101

4 购买不含白砂糖和淀粉的食材

购买食材时，要多购买肉类、海鲜类、蛋类、菌菇类、海藻类和低糖果蔬类（例如蓝莓、番茄、猕猴桃等）。还可以准备一些易于保存的食材，例如罐装浓缩番茄汁、魔芋面（粉）、椰奶、各类坚果等，还有干货类，例如海苔、干木耳、小鱼干、干贝等。总之，采购时注意多买含糖量低的食材，并且要以新鲜食材为主，远离加工食品。

5 采购需要的厨具

制作减糖饮食时，必备的厨具包括：高精度厨房秤（可称量食物的重量）、手持式搅拌棒（可搅碎食物）、电动打蛋器（可搅拌和打发液体）、电动料理机、榨汁机。这五种厨具我每天做料理时都会用到，例如：用电动料理机可以瞬间将魔芋和菜花搅打成米粒状，从而可以轻松地制作各式料理。

6 循序渐进地减糖

如果你与家人住在一起，而且只有你自己在减糖，那么除了少吃米饭、面条、面包、甜品外，家人吃的其他食物你也可以吃，当然最好还是避开红薯、马铃薯等含糖量高的食物。另外，摄取过量糖类本来就不利于健康，

为了自己和家人的健康，可以将白砂糖换成赤藓糖醇和甜菊糖。

〈 减糖饮食必备厨具 〉

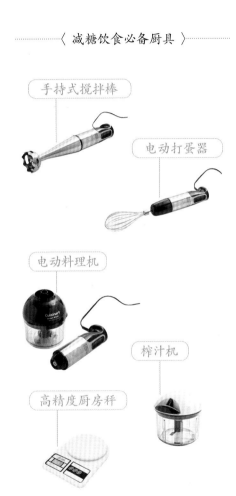

手持式搅拌棒

电动打蛋器

电动料理机

榨汁机

高精度厨房秤

饮食习惯的大改变：食材替代

白饭	魔芋面（或魔芋米、菜花仿饭）＋洋车前子壳粉	
糙米饭	菜花仿饭＋洋车前子壳粉＋无糖酱油	
寿司饭	魔芋面（或魔芋米）＋菜花仿饭＋洋车前子壳粉＋白醋＋赤藓糖醇	
糯米饭	菜花仿饭＋魔芋面（或魔芋米）＋琼脂粉	
面	1.魔芋面　2.魔芋冻 3.琼脂丝　4.琼脂粉＋水	
粉丝	洋车前子壳粉＋冷开水	
萝卜面	1.萝卜丝　2.西葫芦丝	

面包	扁桃仁粉＋洋车前子壳粉＋鸡蛋	
吐司	扁桃仁粉＋亚麻籽粉＋奇亚籽＋鸡蛋＋黄油＋奶酪	

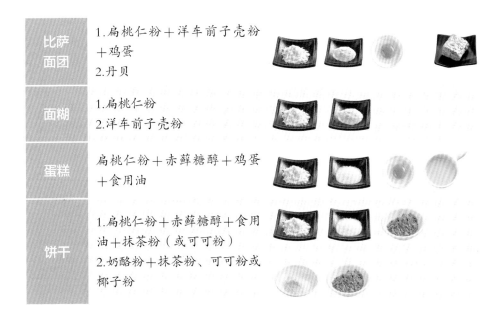

比萨面团	1.扁桃仁粉＋洋车前子壳粉＋鸡蛋 2.丹贝
面糊	1.扁桃仁粉 2.洋车前子壳粉
蛋糕	扁桃仁粉＋赤藓糖醇＋鸡蛋＋食用油
饼干	1.扁桃仁粉＋赤藓糖醇＋食用油＋抹茶粉（或可可粉） 2.奶酪粉＋抹茶粉、可可粉或椰子粉

〈 低糖的饮品材料 〉

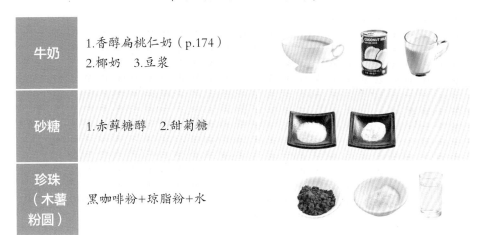

牛奶	1.香醇扁桃仁奶（p.174） 2.椰奶 3.豆浆
砂糖	1.赤藓糖醇 2.甜菊糖
珍珠（木薯粉圆）	黑咖啡粉＋琼脂粉＋水

选择食物的原则

主食类

想要快速减肥或控制血糖的人应避免吃含糖量高的淀粉类主食，这样有助于快速达到瘦身的目标。因为大多数人都习惯把米饭、面包、吐司等当作主食，所以一旦开始改变，效果会非常明显。

▲ 坐国际航班时我会自己带减糖料理，例如香煎鸡肉、水煮蛋等，搭配飞机餐中的生菜沙拉，就可以获得均衡的营养

〈 主食类食用建议表 〉

菜花仿饭○（p.112）	仿稀饭○（p.119）	魔芋面○	魔芋仿饭○（p.116）	四角海苔仿饭包○（p.120）
糙米饭×	意大利番茄魔芋面○（p.126）	三角海苔仿饭团○（p.122）	三明治×	粉丝×
意大利面×	荞麦面×	乌冬面×	燕麦片×	饭团×
面包×	吐司×	油面×	寿司×	煎饺×

○含糖量较少，可以适量摄入　△含糖量适中，不要过量摄入　×含糖量高，最好少吃或不吃

小野聊天室

仿粉丝

含糖量：0 g
完成时间：7分钟
冷藏保存期限：3天

[材料]
• 洋车前子壳粉　2大匙
• 冷开水　90 ml

　　用洋车前子壳粉和微波炉真的可以做出口感与粉丝相似的"仿粉丝"噢！制作减糖饮食时，用微波炉可以轻松地做出既有创意、口感也不错的料理，如低糖点心等。

[做法]

1
取洋车前子壳粉2大匙、冷开水90 ml，放入容器中搅拌均匀。

2
放入微波炉（600 W）中加热约3分钟。

3
当混合物变成半透明的糊状物时，将其压成一片面皮。

4
可以在容器中倒入适量水，这样有利于剥下面皮。

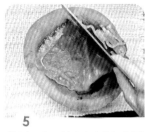
5
放凉后，将面皮切成需要的形状。

6
可切成小块或细条，做成多种料理。

※可以试着调整添加的水量，以做出自己最喜欢的口感。

蔬菜类（薯芋及根茎类）

薯芋类是马铃薯、白薯、红薯、芋头等作物的总称。而根茎类蔬菜大多含糖量较高，如山药、牛蒡、莲藕、胡萝卜等。虽然它们含有丰富的营养素，但减糖期间还是最好少吃，切记一次不要吃过量。

何为过量呢？例如：一根牛蒡（180克）含有18克糖类，对于减糖的人来说，一次最好只吃30克左右，这样糖类摄入量差不多是3克。你可以根据食材的含糖量来决定食用量。

名称	含糖量（每100 g）
马铃薯	17.2 g
牛蒡	9.7 g
莲藕	13.5 g
胡萝卜	9.8 g

薯芋类中也有含糖量非常低的魔芋，它富含膳食纤维，人食用后会有饱腹感，从而有利于减少对其他含糖量高的食物的摄入，因此魔芋是减糖人士的"好朋友"。

在膳食纤维中，还有一类是抗性淀粉。在未加工的或未蒸熟的马铃薯、芋头中含有不为人体小肠酶所降解的抗性淀粉。抗性淀粉也可通过工业加工制成，通过改变淀粉的特性，可以达到保健目的。减糖的人和血糖高的人可根据自身需要进行选择。

▲芋头、红薯、山药等属于含糖量高的食物，要谨慎食用

白萝卜○	洋葱△	芦笋○	芜菁○	大蒜△
姜△	百合×	红葱头△	胡萝卜△	西芹○
莲藕×	芋头×	竹笋○	甜菜根△	茭白△
魔芋○	山药×	马铃薯×	荔浦芋头×	红薯×
荸荠×	牛蒡△	豆薯×		

○含糖量较少，可以适量摄入　△含糖量适中，不要过量摄入　×含糖量高，最好少吃或不吃

 小野聊天室

注意蔬菜和调味品的种类和食用量

减糖期间，要注意以下两点：

第一，有些蔬菜虽然含糖量不高，但因为平时人们一吃就容易吃很多，所以还是要小心，例如卷心菜、白菜等。

第二，在餐厅里吃印度料理、法国料理的时候，要注意这些料理中大多含有大量调味品，如市售的大蒜粉、姜粉、洋葱粉等，这些调味品的含糖量相当高，要小心食用。

蔬菜（叶菜及花菜类）

小心！有的蔬菜含糖量也不少！虽然大多数蔬菜含糖量低，可以放心吃，但还是要注意它们的含糖量，且不要吃过量！绿叶蔬菜基本上可以放心吃，如菠菜、油菜等。

▲ 大部分的绿叶蔬菜含糖量很低，且含有丰富的维生素和矿物质，适合减糖人士食用

〈 叶菜及花菜类蔬菜食用建议表 〉

球生菜○	油菜○	韭菜○	卷心菜△	白菜△
菜花○	西蓝花○	芥菜○	芹菜○	菠菜○
芥蓝○	香菜○	红薯叶○	罗勒○	苜蓿芽○
香椿△	红苋菜○	芽菜○	空心菜○	青葱△

○含糖量较少，可以适量摄入　△含糖量适中，不要过量摄入　×含糖量高，最好少吃或不吃

蔬菜类（瓜果类）

虽然大部分瓜果类蔬菜的含糖量较低，但建议还是不要过量食用。了解分量的多少非常重要，例如：100克的冬瓜有多大？ 100克的秋葵有多少个？要养成用高精度厨房秤称量食物的习惯。

▲瓜果类蔬菜含有丰富的维生素及矿物质，膳食纤维含量也很高，有助于抗衰老和增强免疫力

〈 瓜果类蔬菜食用建议表 〉

冬瓜○	青苦瓜○	西葫芦○	丝瓜○	秋葵○
小黄瓜○	佛手瓜○	茄子○	青木瓜△	南瓜×
黄瓜○	瓠瓜△	白苦瓜○	山苦瓜○	棱角丝瓜○
青椒○	番茄△	彩椒△		

○含糖量较少，可以适量摄入　△含糖量适中，不要过量摄入　×含糖量高，最好少吃或不吃

※瓜果类蔬菜可以做成各种料理，烹调方式不同，口感和味道也不同。用味道较淡的冬瓜或西葫芦可以做小吃的馅料。将西葫芦切成细丝可以直接炒或做成含糖量低的意大利面，搭配各种汤品或食材，如中式蔬菜汤或日式味噌汤、咖喱、腌菜等，味道都不错。此外，番茄的品种很多，其中有些品种含糖量并不低，建议选择含糖量低的品种。

海藻类

海藻类食物碘含量高，适量摄取有益于身体健康。制作减糖料理时经常会用到海苔，例如台式饭团、日式饭团、寿司卷。减糖期间，做春卷或润饼时不能用面粉做皮，就可以用海苔将馅料卷起来，低糖又美味。

在日本，用海带（昆布）制作的海带高汤很常见，制作方法也很简单。将海带泡在水中放入冰箱里保存，就做成了海带高汤，煮汤时可随时取用。做中式料理、意大利料理、法国料理等也可以用到海带。但是，干海带的含糖量并不低，100克可食部分含

糖量约20克，因此虽然它们富含矿物质和膳食纤维，但还是要注意食用量。

如果使用超市中卖的速食海带汤料做调味品或直接冲泡食用的话，必须控制摄入量，一般的速食汤料中通常含30%盐、25%糖类、30%食品添加剂。

〈 海藻类食用建议表 〉

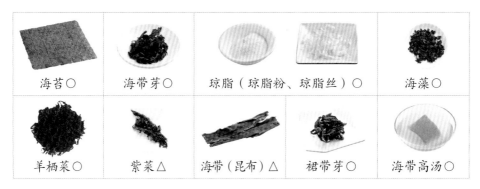

海苔○	海带芽○	琼脂（琼脂粉、琼脂丝）○		海藻○
羊栖菜○	紫菜△	海带（昆布）△	裙带芽○	海带高汤○

○含糖量较少，可以适量摄入　△含糖量适中，不要过量摄入　×含糖量高，最好少吃或不吃

菌菇类

菌菇类是想要减重、减糖的人可以安心吃的食材，像洋菇、草菇等菌菇类含糖量都很低。而且菌菇类还含有维生素 D。例如：干香菇就含有丰富的维生素 D，平时买回新鲜香菇后，可以先放在太阳下多晒一会儿，这样可以产生更多的维生素 D。

还有一种叫灰树花的菌菇类近年来广受关注，成为日式火锅中的常见

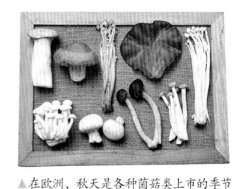

▲在欧洲，秋天是各种菌菇类上市的季节

食材，因为它含有的 β - 葡聚糖具有抗炎和镇痛作用，有利于增强免疫力、抗癌、降血糖等。

〈 菌菇类食用建议表 〉

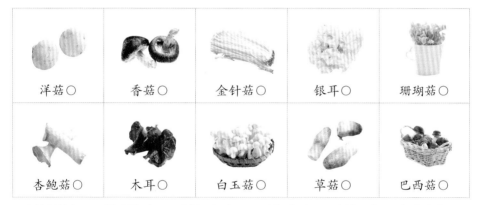

| 洋菇○ | 香菇○ | 金针菇○ | 银耳○ | 珊瑚菇○ |
| 杏鲍菇○ | 木耳○ | 白玉菇○ | 草菇○ | 巴西菇○ |

○含糖量较少，可以适量摄入　△含糖量适中，不要过量摄入　×含糖量高，最好少吃或不吃

水果类

我研究过很多针对糖尿病患者的食谱和书籍，其中有一些会推荐读者多吃水果。刚开始减糖时，我也以为水果很健康，有时在路上看到售卖果汁的小摊也会买一瓶，一口气喝完。现在想想，这种行为是很可怕的。曾经有一位 2 型糖尿病患者因为嘴馋偷吃了半个西瓜，结果陷入了昏迷状态，其实这就是果糖引发的危机。摄取过量果糖会增加胰腺的负担，使血糖升高。为了保持身体健康，你可以根据水果的含糖量和自己的需求，适量食用水果。

〈 水果类食用建议表 〉

牛油果○	百香果△	芭乐△	蓝莓△	阳桃△
草莓△	火龙果△	蔓越莓△	李子△	桑葚△
水蜜桃×	莲雾×	荔枝×	凤梨×	柿子×
香蕉×	榴梿×	橙子×	金橘×	橘子×
火龙果×	龙眼×	西瓜×	桃子×	葡萄×

甜瓜×	猕猴桃×	樱桃×	苹果△	枇杷×
杧果×	葡萄柚×	梨×	哈密瓜×	木瓜△

○含糖量较少，可以适量摄入　△含糖量适中，不要过量摄入　×含糖量高，最好少吃或不吃

※有的水果虽然标有×，但本书的食谱中有的会少量用到，这只是为了味道和色彩搭配，用量是在安全范围内的

 小野聊天室

建议选择有机蔬菜

十几年前我住在日本，当时在九州这样的小城市还是很难买到有机水果的。有一天，我走进一家有机水果商店，看到有苹果就想要买，可是老板有点难为情地告诉我："那不是完全没有使用农药的，只是农药用得比较少而已。"

▲德国的苹果树

我现在长期定居在德国，在那里几乎到处都可以看得见苹果树和樱桃树，尤其是春天，果树开花后非常美丽，在果树园里的小径上散散步，犹如置身于世外桃源中。但是自从有一天我看到有人正在为果树喷洒农药后，就很少购买一般的苹果和樱桃了。为了吃到安全的食品、保护环境，虽然有机蔬果价格比较高，但还是建议有条件的消费者选择有机蔬果。

豆类及其制品

豆腐是低糖食品，利用豆腐制作的减糖料理种类很多，例如在日本很有名的一家牛肉盖饭连锁店销售的"烤肉豆腐饭"就是把打碎的豆腐当作饭，而在一些欧美国家的素食料理中也会用到很多豆类。但也有一些豆类料理含高糖较高，必须谨慎食用。

纳豆也是一种很棒的食品。它是由煮熟的大豆经发酵而成的。一盒50克左右的纳豆，含糖量在3克左右，其蛋白质含量也很丰富。有很多医学专家推荐每天吃一盒纳豆，因为有研究表明纳豆能预防心脏病、阿尔茨海默病。纳豆中含有的"纳豆激酶（Nattokinase）"能有效溶解血栓，改善血液循环。纳豆激酶在体内的作用时间为8小时，由于人体在夜间纤维蛋白原活性较高，容易引起血栓，因此晚餐吃一盒纳豆效果更佳。纳豆还能预防"经济舱综合征"，乘坐的航班飞行时间长的人建议吃一盒纳豆。

〈 豆类及其制品食用建议表 〉

豆腐干○	丹贝○	黑豆○	荷兰豆△	豌豆△
鹰嘴豆△	四季豆○	绿豆×	豇豆○	蚕豆×
御豆×	红豆×	扁豆○	毛豆○	

○含糖量较少，可以适量摄入　△含糖量适中，不要过量摄入　×含糖量高，最好少吃或不吃

乳制品、蛋类

乳制品含有丰富的蛋白质，含糖量也不高。喝咖啡时，可以添加一点儿全脂牛奶或低脂牛奶，少放糖或不放糖。如果在早餐时喝卡布奇诺、法式咖啡牛奶（一半咖啡一半牛奶）等，要注意一餐总的含糖量。若是在两餐之间喝一杯咖啡，基本上没有太大关系。

常备一些水煮蛋和奶酪是减糖时的好习惯，想吃零食时，可以吃一个水煮蛋或一两片（块）奶酪，这样能补充蛋白质和其他营养素。

尤其是刚开始减糖时，身体和心理上可能还没有完全适应，虽然每餐

▲一个鸡蛋（50～60克）含胆固醇250～300毫克，建议一天吃一个就可以

都可以吃到饱，但有的人可能还是会一直觉得肚子饿。碰到这种情况时，可以吃水煮蛋或奶酪，或在牛奶、无糖酸奶中加入一点儿奇亚籽饮用。

〈 乳制品、蛋类食用建议表 〉

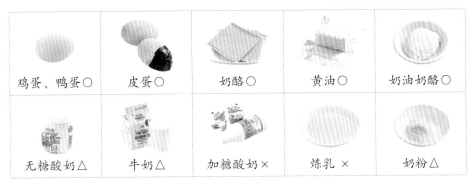

鸡蛋、鸭蛋○	皮蛋○	奶酪○	黄油○	奶油奶酪○
无糖酸奶△	牛奶△	加糖酸奶×	炼乳×	奶粉△

○含糖量较少，可以适量摄入　△含糖量适中，不要过量摄入　×含糖量高，最好少吃或不吃

肉类、海鲜类

新鲜的肉类和海鲜类富含优质蛋白质，且含糖量非常低，减糖时可以放心吃。而食用加工过的肉类和海鲜类时则要注意含糖量。此外还要注意烹饪方式，例如鳗鱼本身含糖量很低，但蒲烧鳗鱼淋的酱汁中含有砂糖和酱油。

建议大家自己在家用赤藓糖醇或甜菊糖等原料做酱料，这样就可以放心地吃蒲烧鳗鱼等美食了！鱼松、肉松、甜不辣、鱼浆等也建议自己动手做，这样吃起来更放心！

▲ 自己做鲑鱼松很简单！只需要用鱼肉、赤藓糖醇、酱油就可以，如果不用酱油的话，含糖量会更低

〈 肉类、海鲜类食用建议表 〉

肉类 ○	海鲜类 ○	炸鸡 △	安心炸鸡 ○ p.144
火腿 ○	干贝 ○	小鱼干 ○	没有加调味品的鱼罐头 ○
市售甜不辣 ×	市售鱼浆、虾浆 ×	市售鱼松、肉松 ×	排骨汤 △
牛肉干 ×	猪肉干 ×	麻油鸡 ○	贝类 ○

○含糖量较少，可以适量摄入　△含糖量适中，不要过量摄入　×含糖量高，最好少吃或不吃

小野聊天室

便利店里的关东煮

茶叶蛋一个：含糖量 0.2 g

魔芋一块：含糖量 0 g

　　如今在很多地方，连锁的便利店随处可见，其中很多便利店都会售卖关东煮。一走进便利店就能闻到杂烩和茶叶蛋的香味。茶叶蛋和魔芋是最受欢迎的即食产品，对减糖人士来说，它们也是最便利的用来充饥的食物。

　　便利店中的常见关东煮有鸡肉串、牛筋、海带卷、腊肠、烤猪肉饼、蔬菜卷、萝卜等。用鱼浆制作的甜不辣含糖量较高，不宜吃太多。另外，关东煮的底汤含糖量较高，建议不要喝。

甜不辣 / 含糖量5 g

烤猪肉饼 / 含糖量1.7 g

萝卜 / 含糖量3.1 g

腊肠 / 含糖量1.5 g

海带结 / 含糖量1.4 g

蔬菜卷 / 含糖量2.0 g

牛筋 / 含糖量0.9 g

鸡肉块 / 含糖量0.1 g

坚果类

坚果类富含优质的脂类及膳食纤维，适量摄取对身体有益，建议挑选低温烘焙的原味坚果，这样的坚果营养价值高。

减糖时最好随身常备扁桃仁和核桃当零食，吃起来非常方便，但也要注意不要过量食用，100克坚果的含糖量约为4克。我建议买有壳的坚果，因为要花时间剥壳，这或许能让你少吃一点儿，不容易吃过量。

▲ 扁桃仁树

〈 坚果类食用建议表 〉

| 核桃〇 | 扁桃仁〇 | 巴西栗〇 | 花生△ | 开心果△ |
| 南瓜子〇 | 腰果△ | 松子〇 | 白芝麻〇 | 黑芝麻〇 |

〇含糖量较少，可以适量摄入　△含糖量适中，不要过量摄入　×含糖量高，最好少吃或不吃

糖类调味品

赤藓糖醇和甜菊糖都是很安全的天然植物提取物，可用来代替砂糖。有些市售的人工代糖所含的糖分还是会被身体吸收，而且长期食用可能会对身体造成负面影响，因此应避免经常食用。此外，蜂蜜的主要成分是葡萄糖和果糖，含糖量很高，减糖期间应避免食用。

甜菊糖有一点儿独特的青草味，有些人吃时会觉得不习惯。我平常大多是用赤藓糖醇，觉得甜味不够的时候就加上几滴浓缩甜菊糖液，味道还不错。

▲ 家中栽种的甜味菊

〈 糖类调味品食用建议表 〉

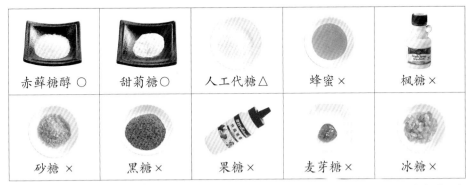

赤藓糖醇 ○	甜菊糖○	人工代糖△	蜂蜜×	枫糖×
砂糖 ×	黑糖×	果糖×	麦芽糖×	冰糖×

○含糖量较少，可以适量摄入　△含糖量适中，不要过量摄入　×含糖量高，最好少吃或不吃

饮品类

目前，市面上有很多养生汤、天然蔬果汁等号称对健康有益的饮品销售。减糖人士要仔细观察成分表，因为用新鲜蔬菜制成的蔬菜汁中大多会添加蜂蜜、果糖等原料调味，而市售的蔬果汁则多半是一小部分蔬菜汁加大量甜度高的水果汁混合而成的。消费者认为饮用这些饮品可以补充维生素及矿物质，但实际上这些都是含糖量较高的饮料。建议最好是自己动手制作饮品，喜欢喝甜一点儿的饮料的人可以加入赤藓糖醇或甜菊糖来调味。

▲ 天然的玫瑰花茶带有一种优雅的香气

———————————〈 饮品类饮用建议表 〉———————————

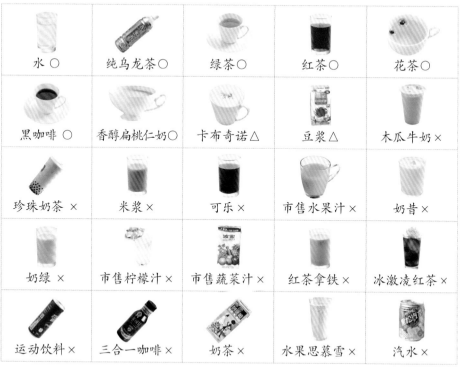

水 ○	纯乌龙茶○	绿茶○	红茶○	花茶○
黑咖啡 ○	香醇扁桃仁奶○	卡布奇诺△	豆浆△	木瓜牛奶×
珍珠奶茶 ×	米浆×	可乐×	市售水果汁×	奶昔×
奶绿 ×	市售柠檬汁×	市售蔬菜汁×	红茶拿铁×	冰激凌红茶×
运动饮料×	三合一咖啡×	奶茶×	水果思慕雪×	汽水×

○含糖量较少，可以适量摄入　△含糖量适中，不要过量摄入　×含糖量高，最好少喝或不喝

小野聊天室

咖啡时间到

2015 年，日本国立癌症研究中心和东京大学研究组发表了研究报告，其中提到一天喝 3 ~ 4 杯咖啡的人相比于完全不喝咖啡的人，罹患缺血性心脏病、心肌梗死等心脑血管疾病及呼吸道疾病的概率少四成，并发现有喝咖啡习惯的人癌症发病率较低。

一天喝 5 杯以上的绿茶也可减少心脑血管疾病和呼吸道疾病的发病率，其中加不加糖或牛奶没有作为研究变量。这是 20 世纪 90 年代对 9 万在日本居住的 40 ~ 69 岁人士进行追踪调查的研究结果。美国和荷兰的研究结果还显示，常饮咖啡

可能会减少罹患 2 型糖尿病的风险。

平时喝咖啡时，要注意饮用量以及咖啡和牛奶的比例，一般来说牛奶的比例越大，含糖量越高。

黑咖啡（500 ml）		含糖量1.5 g
卡布奇诺（500 ml）	咖啡、牛奶、奶泡的比例是1∶2∶1	含糖量7 g
法国牛奶咖啡（500 ml）	咖啡和牛奶的比例是1∶1	含糖量5.4 g
拿铁咖啡（500 ml）	咖啡和牛奶的比例是1∶3	含糖量7.8 g

黑咖啡是不加任何配料（如牛奶、糖浆等）的咖啡，包括意式浓缩咖啡、美式咖啡等。黑咖啡比较苦，喝不惯的人可以放一点儿赤藓糖醇。

酒类

日本的减糖食品和饮品很多，特别是无糖啤酒，目前已经非常普及，在日本已经销售了好几年，而且经常可以在电视上看见广告。我想这也是减糖观念在日本越来越流行的原因之一，即使是没听过减糖概念的人也会将无糖啤酒与健康联系到一起吧！在日本，还有无嘌呤的无糖啤酒、无酒精的无糖啤酒、无糖米酒（日本清酒）、用赤藓糖醇代替砂糖酿的甜梅酒、代糖葡萄酒等各种酒，种类非常丰富。

▲ 无嘌呤、无糖的日本啤酒十分受消费者的青睐

〈 酒类饮用建议表 〉

竹叶青酒×	朗姆酒○	伏特加○	葡萄酒 △	啤酒×
水果啤酒×	起泡酒×			

○含糖量较少，可以适量摄入　△含糖量适中，不要过量摄入　×含糖量高，最好少喝或不喝

小野聊天室

减糖期间也能喝的酒

减糖时可以选择不含糖的蒸馏酒，如朗姆酒、伏特加、白兰地、威士忌等，这些都可以安心饮用。用蒸馏酒还可以调鸡尾酒、腌水果，不过要少喝用果汁调的鸡尾酒。吃晚餐时可以喝一杯红酒。1杯100毫升的红酒含糖量为1.5克，白葡萄酒含糖量为2克，口感很涩的白葡萄酒含糖量会更低一点儿。

减糖饮食的常用食材

之前已经提到过，减糖可以帮我们减少消化系统的负担，减少脂肪堆积，从而达到瘦身的目的。如果你体重超标或是想减重，可以用两周的时间尝试减糖，不必计算热量，只要避开含糖量高的食物，就能感受到立竿见影的减肥效果，有的人甚至可以在两周内瘦 3 千克以上。

在日本，减糖料理已经非常普及，到处都可以买到各种减糖的小吃、甜点、面包和即食的料理等。而在德国，减糖饮食不像在日本那么普及，要减糖的话，就需要自己在家做。很多德国人会自己在家烤制减糖面包（德国人称之为"蛋白质面包"），从网上也可以订购到各种减糖面包和无麸质的干面条等食物。拥有健康的身体是任何东西都无法替代的，所以现在就开始尝试减糖饮食吧！

无论是想要减肥、抗衰老，还是控制血糖，减糖期间都最好自己动手做料理，可以事先准备好常用的食材和调料，平时不用花很多时间也能快速做出早餐、午餐和晚餐，上班族还可以自己做便当，以获取均衡的营养。下面我会介绍减糖饮食的常用原材料，其中大部分原材料可以在超市或市场中买到，其余的也可以在网店或线下的有机食品店买到。了解常用原材料的相关知识后，就可以广泛应用到各种料理中，做出好吃又丰富的减糖餐。

 小野聊天室

减糖会增加生活成本吗？

有的人会觉得开始减糖后伙食费水涨船高，因为一般的面包、面条等主食类的高糖食物相对比较便宜（其实日本的米价格也不低），减糖期间减少了这类食物的摄入量，增加了肉类、海鲜类、乳制品的摄入量，开销可能会上涨。但其实只要在经济条件允许的范围内注意搭配，同时多利用自家厨房自己制作减糖料理，就能吃到既有营养又不贵的健康料理。

琼脂粉、琼脂条

琼脂又称为洋菜、寒天，是从石花菜及其他红藻类植物中提取出来的藻胶。

琼脂无色无味，既可以增加饱腹感，又能促进消化，是日本家庭和餐厅常备的食材。琼脂粉、琼脂条在超市和网店中均有销售。琼脂中的膳食纤维含量极为丰富，此外还含有微量的碘及钾，脂肪含量很低，具有吸水膨胀的特点，能吸收相当于自身体积 20 倍的水，有助于改善便秘、降血压、降血脂，还能使人减少进食量，达到减脂瘦身的效果。

琼脂粉

琼脂条使用前必须用清水浸泡至变软，而琼脂粉可以直接煮。琼脂条既可以作为主食，也可以用来做布丁、果冻等甜点，还能做成冷盘小菜、小吃等，对减糖人士来说用途很广。我每天都会用琼脂做各种各样的料理，琼脂对减糖人士来说是理想的食材。琼脂跟洋车前子壳粉一样，主要成分是膳食纤维，热量很低，且有一定的抗癌作用。

琼脂条

超市或便利店里卖的琼脂甜点大多添加了糖，所以最好是用琼脂粉或琼脂条自己动手做低糖甜点，还可以用琼脂粉代替淀粉做勾芡汁，这样就可以轻松地在家享用健康又美味的料理了。

▲琼脂可以用来制作各种美味的料理及甜点

魔芋面、魔芋米、魔芋冻、魔芋粉

魔芋是薯类作物，又称蒟蒻。

　　魔芋的主要成分是葡甘露聚糖，含有丰富的可溶性膳食纤维，在肠胃内吸收水分后会逐渐膨胀，使人产生饱腹感，且能延缓葡萄糖和脂肪的吸收，具有降血糖、降血压的功效。葡甘露聚糖还能促进肠蠕动，防止便秘，促进体内废物和有害物质的排出，从而预防大肠癌。

魔芋面

　　市面上有各种不同形状的魔芋制品销售，它们普遍带有一点儿独特的腥味，处理方式是先用清水清洗，再用热水煮约 3 分钟，捞起后再用冷水冲洗即可。煮熟的魔芋可以分装后放入冰箱中冷藏，方便随时取用，可保存 7 天左右。处理好的魔芋基本上没有什么味道，可以做成各种料理。

魔芋米

　　魔芋面可以替代各种含淀粉的面条，例如白面条、荞麦面、意大利面等。魔芋面热量低，基本上不含可以被人体吸收和利用的糖，是糖尿病患者和想要减肥的人的理想食材。以前在德国的亚洲食品店，只有日本人来买从日本和中国进口的魔芋面，近年来德国人认为魔芋面是理想的减肥食品，因此魔芋面开始在网络上热销。我曾经试着用魔芋面做成番茄意面给德国朋友吃，大家赞不绝口。需要注意的是，市面上销售的加工过的即食魔芋面中，用来调味的汤汁含有一定量的糖，应该尽量避免食用。

魔芋制品

　　魔芋米属于膳食纤维含量高、热量低的食物，口感与大米接近，且饱腹感强，是减糖时的理想主食选择，在大超市中和网上均有销售。魔芋米的颗粒比米粒大，食用时可以先切成跟米粒差不多大的颗粒，就可以用来制作寿司、粥、饭等多种料理了。

魔芋冻是一种含糖量低的食物，可根据烹调需求切成丝、块、条等形状，替代素肉块、素肉丝等做成素食料理。魔芋粉非常易于烹饪，推荐减糖时常备这种食物，它可以用来制成麻薯等甜点。除此之外，它还可以充当天然的食品添加剂，例如用来勾芡、加入酱汁中增加酱汁的黏稠度等。

洋车前子壳粉

洋车前子是洋车前草的种子。

洋车前子壳粉

洋车前草是一种草药，原产于印度和伊朗。洋车前草的种子外壳经加工磨碎后，称为洋车前子壳粉，也称洋车前子纤维粉。在传统医学疗法中，洋车前子用于治疗便秘、溃疡和高血压等病症。洋车前子壳富含胶质，由树胶醛糖、木糖等成分组成，是纯天然的膳食纤维的来源。

洋车前子壳粉含有丰富的水溶性纤维，遇水会膨胀成凝胶团，可以增加饱腹感，使人减少食量，还能辅助肠道蠕动，促进废物排出，也能降低心血管疾病的发病率。但要切记，洋车前子壳粉不能直接干吃，否则会导致其在体内膨胀，从而对身体造成伤害。

为了掌握洋车前子壳粉的特性，建议首次使用前先在厨房进行测试，方法是取一小匙的洋车前子壳粉放入杯中，倒入适量水，等候 10~30 分钟，然后观察它的变化和膨胀状态。一般来说，洋车前子壳粉遇水后体积可膨胀至原先的数十倍。想象一下，当这种膨胀的现象在肠道里发生时，会出现什么情况？洋车前子的外壳中水溶性纤维含量达到 80%，进入人的肠道后会吸收相当多的水分，所以一定要将它与水或其他液体混合后再食用，以便使其充分吸收水分，或搭配水分多的料理一起食用。食用后也要多喝水。

在日本，人们减糖时常常会用洋车前子壳粉来烹饪美食，我自己也会经常利用它的增稠特性研发新食谱，例如将它加入其他食材中做成仿糯米、仿饭团、仿寿司、仿麻薯等。其他点心需要增加黏稠度时也可以适量添加。

丹贝

丹贝又名天培、天贝。

丹贝是一种起源于印度尼西亚的发酵食品。传统丹贝的做法是将煮过的脱皮大豆接种根霉属真菌，再以香蕉叶包裹接种过的大豆，经过发酵后得到的饼状食品。现在也有以黑豆等其他豆类为原材料制成的丹贝。

丹贝

丹贝中的植物性蛋白质易于被人体消化和吸收，且富含 B 族维生素、亚油酸、异黄酮、膳食纤维、矿物质等营养成分，具有抗氧化，预防肥胖、高血压、高血脂、糖尿病、心脑血管疾病和癌症等功效。

丹贝卷

丹贝可以从售卖印度尼西亚产品的东南亚食品店中购买，如果两三天内吃不完的话，必须冷冻保存。存放在冰箱里的丹贝会继续发酵，虽然过度发酵的丹贝还可以吃，但是会有强烈的气味。新鲜的丹贝几乎无味，容易吸收酱料的味道，适合各种烹饪方式。100 克的丹贝含有约 10 克的糖，减糖时可以根据情况调整食用量。

椰子油

椰子油是目前非常流行的一种保健油品。

美国的研究报告显示，椰子油有助于改善 2 型糖尿病的
症状。椰子油富含的饱和脂肪酸是中链甘油三酯（MCT），
即中链脂肪酸，这种脂肪酸能直接被肝脏代谢，因此适量摄
入椰子油能在没有严格限制糖类摄入量的情况下，让身体快
速获得能量，增强身体的抗氧化功能，有效促进新陈代谢，
达到减重的效果。不仅如此，椰子油富含的月桂酸还可以抗
病毒，这些作用使得椰子油成为目前非常流行的保健油品。
还有专家认为，椰子油对防治阿尔茨海默病有一定的功效。

椰子油

椰子油会根据温度改变形态，一般在 25℃以下呈固体
状，高于此温度时呈液体状。市面上有一些经过处理的椰子油，其中添加了其他
饱和脂肪酸，称为"中链 MCT 椰子油"，其凝固点较低，是一种具有保健效果
的优质椰子油（其烟点为 120℃，不适合用于烹饪，建议定量生饮）。

普通的椰子油不容易氧化，不含糖类和反式脂肪酸，且富含维生素 E，除了
适合直接饮用之外，还适合煎炸等烹饪方式，特别适合用于烹制中餐、东南亚餐
以及制作减糖料理（如饼干、点心和酱料），且富含香气，是很多食材的好伴侣。

椰奶

椰奶的含糖量比牛奶低。

椰奶

椰奶在一般的超市都有销售，最好购买没有添加剂（亚硝酸盐）的有机椰奶。无添加物的有机椰奶不是纯白色的，而是灰白色的。

椰奶的含糖量比牛奶低，因为香味很浓，加入少许即可调和出浓郁的口味。还可以搭配扁桃仁奶或豆浆饮用，更能充分激发出椰奶独特的香味。除了直接饮用和做甜点以外，椰奶还可用于烹制印度菜、泰国菜、印度尼西亚菜等，用途很广。

椰奶容易变质。开封后，如果两天内用不完，可以倒入小瓶子里分装保存或冷冻保存。分装保存还有一个好处是可以清楚地计算出每次用量的含糖量是多少，从而有助于控制糖类摄入。

 小野聊天室

注意留心食品成分表

有一次，我在日本的一家便利店里看到一种"低糖饼干"，上面用很大的字写着"一块饼干含糖量为2克"，于是我高高兴兴地把它买了回家。后来我将包装翻过来看成分表时吓了一跳，因为上面的第一个成分就是起酥油，而起酥油含有反式脂肪酸，这个成分非常不利于人体健康。所以买即食的食品时，一定要看食品成分表，看看是否含有砂糖、起酥油等原料。守护健康，请从检查入口的食物开始吧！

橄榄油、苦茶油

橄榄油有利于预防心脑血管疾病，苦茶油则有防癌、抗衰老、改善胃溃疡、降低胆固醇等作用。

市面上的初榨橄榄油有等级之分，一般质量越好，价格也越高。质量好的初榨橄榄油有刺激性辣味，直接食用时喉咙会有点发麻，可据此判断橄榄油质量的好坏。

橄榄油   苦茶油

苦茶油素有"东方橄榄油"之称，有防癌、抗衰老、改善胃溃疡、降低胆固醇等功效。苦茶油的脂肪酸含量及组成与橄榄油类似。橄榄油中的不饱和脂肪酸含量高达 80%，且富含维生素 E，因油酸很多，所以不容易氧化。苦茶油中的不饱和脂肪酸含量高达 90%，能降低心血管疾病的发病率，且维生素 E 含量是橄榄油的两倍。

橄榄油和苦茶油都不含糖类，不会导致肥胖，减糖时可以放心食用。

橄榄油是减糖时期的必备油，很多酱料会用到它，用面包片直接蘸橄榄油也很好吃。苦茶油是耐高温的油脂，适合中式的凉拌、煎、炸、烤、红烧等烹调方式，以及烘焙、制作酱料。但是苦茶油的产量小，质量较好的苦茶油价格比较高。有些患胃部疾病的人会直接饮用苦茶油。有些日本的厨师会直接用苦茶油炸天妇罗，他们觉得这样炸出来的天妇罗清爽可口，吃完不会觉得腻。

如何判断油脂质量的好坏呢？除了上面提到的优质初榨橄榄油味道较为特殊外，一般优质的油脂是取新鲜、安全的原料，以低温冷压萃取制成的，质地较稠，带有浓郁的清香。阳光照射会导致油脂变质，因此必须避光保存。选择橄榄油时，还要注意选择包装为不透明的容器的产品。

赤藓糖醇、甜菊糖

赤藓糖醇是目前最安全的天然代糖之一。

赤藓糖醇是一种天然糖醇，不含热量和能被人体吸收利用的糖类，可由葡萄糖发酵制得，甜度为蔗糖的60% ~ 70%。入口有清凉的甜味，减糖时期可以安心食用，因为它不参与糖代谢，也不会导致血糖变化。赤藓糖醇被人体吸收后，不会被酶所降解，会通过肾从血液中排至尿中然后排出。赤藓糖醇还具有抗龋齿性。购买赤藓糖醇时，应注意看成分是不是100%的赤藓糖醇。赤藓糖醇一般在大超市、健康食品店、有机食材店及网络上均有销售。

赤藓糖醇

甜菊糖

甜菊糖的甜度是蔗糖的200 ~ 300倍，热量仅为蔗糖的1/300，是低糖、低热量的天然甜味剂，适合减糖者和糖尿病患者食用。目前甜菊糖有粉状及浓缩液制品，在网络上及健康食品店中均有销售。

做料理时，可以适当添加赤藓糖醇和甜菊糖来代替蔗糖调味。浓缩甜菊液甜度较高，只要加几滴就够了，也可以搭配赤藓糖醇一起用，比如觉得赤藓糖醇不够甜的时候，就用甜菊糖补上。而且跟赤藓糖醇一起用，可以使甜菊糖的青涩味不那么明显，还会有蔗糖的感觉，也比较经济实惠。

扁桃仁粉（烘焙用）

扁桃仁粉是扁桃仁研磨加工而来的粉。

烘焙用的扁桃仁（别名巴旦杏）粉有时也称作杏仁粉，
而中药店中销售的杏仁粉是取南杏加奶粉、淀粉制成的，大
多是用来冲泡杏仁茶饮的，两者是不同的食材。

扁桃仁粉（烘焙用）

扁桃仁粉可以替代面粉。100 克扁桃仁粉中，脂肪约
占 50%，其中大部分属于不饱和脂肪酸，65% 是油酸，
与此同时，其含糖量只有面粉的 1/4 ~ 1/3，对减糖的人来说，扁桃仁粉是最佳的
烘焙原材料。

此外，100 克扁桃仁含有 21 克优质蛋白质，30 克扁桃仁所含的蛋白质与 200
毫升牛奶或 100 克豆腐差不多，其中还包含人体不能合成或合成速度不能满足机体
需要的必需氨基酸。因此烤扁桃仁是减糖人士的理想零食。两餐之间，可以吃 15 ~
25 粒扁桃仁来消除饥饿感，这个分量的含糖量约为 5 克。

扁桃仁粉在超市和网店中均有销售。为了避免氧化，开封后必须将其放在冰箱
里冷藏保存。扁桃仁粉适用于烤面包、蒸面包、烤蛋糕、烤饼干等，还可以用来做
低糖马卡龙。

蒸的！仿吐司面包
（p.160）

低糖苹果塔
（p.163）

马克杯玛芬
（p.169）

瓜尔豆胶

瓜儿豆胶也称瓜儿胶，具有增稠、乳化等优良特性。

瓜尔豆胶是一种以豆科植物瓜尔豆的种子为原料，将其去皮去胚芽后研磨提炼而成的粉状物质，在食品工业中常被用作增稠剂、稳定剂等，例如在冰激凌等冷饮中起到增稠、乳化作用。瓜尔豆胶含有水溶性膳食纤维，吸水后会变成黏稠状。有研究表明，瓜尔豆胶具有降血糖、降胆固醇、减重等功效，医学上可用于缓解过敏性肠炎。

瓜尔豆胶

瓜尔豆胶可作为淀粉的替代品用于勾芡，使用量很小，是非常方便使用的保健食品。需要注意的是，与洋车前子壳粉一样，瓜尔豆胶也不可以直接食用，制作冰激凌、点心、沙拉酱时，只需添加极少量的瓜尔豆胶，就可以形成浓稠的质感。

奇亚籽

奇亚籽是近年来养生保健食品界的新宠，是芡欧鼠尾草的种子。

奇亚籽名字中的"奇亚"来源于古玛雅语，意思是"强大的力量"。奇亚籽富含多种人体所需的营养素，如蛋白质、矿物质、膳食纤维、必需脂肪酸等，是天然 n-3 系列脂肪酸的来源，是低糖食材领域中的"优等生"。

奇亚籽

每 100 克奇亚籽中就有将近 40 克的膳食纤维，这些水溶性膳食纤维会增加饱腹感，有助于减糖期间减少对淀粉类食物的摄取，在肠道中还能帮助扩张粪便体积，起到润肠通便的作用，对预防心血管疾病也有正面的作用。奇亚籽是制作低糖甜点的重要食材。食用前，只要将其浸泡十分钟，待其膨胀后就可以吃，但需要特别注意，食用时和食用后不要忘记多补充水分。

鸡蛋

鸡蛋是人体每天必须补充的营养素的重要来源之一。

鸡蛋

鸡蛋含有丰富的蛋白质，其中包括人体必需的多种氨基酸，且与人体蛋白质的组成极为相似，人体对鸡蛋中的蛋白质的吸收率非常高。此外，蛋黄中还含有丰富的卵磷脂、钙、锌、磷、维生素 A 等营养素。而且鸡蛋的含糖量非常低，是减糖期间的理想食材。

以前农家喂养的母鸡生活在田野间，可以自由奔跑，以大自然中的生物为食，生产的鸡蛋营养价值高。一些欧洲学者称，不受笼子限制、可自由行动的母鸡所产的蛋中会含有"快乐因子"。而现在的大型畜牧场为了彻底实现生物安全和防疫，会在农场的鸡舍中设立水帘式的密封环境来饲养母鸡，起到防虫防疫、调节气温等作用，为母鸡提供了优良的产蛋环境，再辅以科学的喂养方式，能够使生产出的鸡蛋食用起来更安全、更健康。

目前，市面上可以看到不同饲养方式、不同饲养配方、不同种类的母鸡产的蛋。这使得鸡蛋有了各种各样的名字，也容易使消费者感到困惑，不知道蛋黄、蛋壳的颜色的区别代表什么。其实，蛋壳颜色有差异一般是因为鸡的品种不同，而蛋黄颜色的差别主要与饲料种类有关。有些商家会误导消费者，号称饲料中添加了胡萝卜素（其实可能只是食用红色素），因此蛋黄会呈现橘黄色，引导消费者将其与富含 β - 胡萝卜素联想到一起。有的农场给鸡吃的饲料为素食配方，可减少动物性蛋白带来的沙门氏杆菌感染的风险。在饲料中添加木醋液，则可以降低鸡蛋的腥味，让蛋白的口感更有弹性。

有一次，我特地去养鸡场参观，才了解到真正的土鸡蛋并不像我们印象中的那样是红色的蛋壳，实际

上，土鸡蛋蛋壳的颜色是较浅的鹅黄色。此外，平时我挑鸡蛋时，会注意选择蛋壳光滑的鸡蛋。一般蛋壳粗糙的原因有以下两种：母鸡生病时产的蛋和老母鸡产的蛋。我们需要注意挑选食材，才能保证自己和全家人的身体健康。

零添加纯酿酱油

要避免食用含糖量高且含有很多添加剂的酱油。

有一次我到中国台湾旅游时，当地朋友请我做日式乌冬面给他们吃（我自己吃魔芋面）。做乌冬面的高汤需要用到酱油，但是我看到朋友家里的酱油含糖量很高，还有很多添加剂，于是便外出买酱油，好不容易在一家超市里买到了零添加纯酿酱油，这件事也让朋友意识到了零添加纯酿酱油的重要性。

▲最好选择零添加纯酿酱油

我的日本朋友们以前也不会特别注意市面上一般酱油隐藏的食品安全问题，但我常跟他们说摄取过量糖和添加剂对健康有害，叮嘱他们买食材时要特别注意看配料表，要买原料单纯、无糖或低糖、零添加剂、零味精、零人工色素的产品。在日本一般的超市里，添加了糖和添加剂的酱油占总数的 2/3。我还发现有的酱油中添加了果葡糖浆、味精、焦糖色素等。甜酱油吃起来很可口，容易摄入过量，尤其是亚洲人做料理时经常会用到酱油。对于减糖的人来说，酱油的安全性是十分重要的。当你开始减糖时，一定要注意选择健康、能让人放心食用的好酱油。

应该从哪里买低糖食材

之前提到过的减糖时期的推荐食材不一定到处都能买到，你可能会觉得有些食材自己从没吃过甚至没听说过。减糖的人有时候需要冒险精神，例如使用从没用过的食材、尝试新的低糖食物。借着采取减糖的饮食方式来学习营养与健康方面的知识，打开眼界，我们的生活会更美好。

▲每到休息日，我们会一起到德国的传统菜市场，购买新鲜的低糖食材

〈 低糖食材的购买指南 〉

	低糖食材	提示
便利店	水果、坚果、无糖豆浆、鸡蛋、豆腐	买水果时可以买小包装的
传统菜市场	蔬果、香料、肉类、鱼类、海鲜类、黄豆制品（豆腐、豆皮等）、菌菇类	注意食材的新鲜程度，可以多买几种，每种少买一点儿，这样可以摄取多种不同种类的营养素
大型超市	魔芋制品、坚果、黄豆制品（包括纳豆、豆皮）、奇亚籽、亚麻籽、鲜奶油、无盐黄油、奶油奶酪、椰奶、椰子油、橄榄油、菜籽油、冷冻蔬菜、无糖可可粉、无糖酱油、甜菊糖、含85%～99%可可的巧克力、各种香料、绿茶粉	产品很多，品质良莠不齐，如光是橄榄油就有很多种。购买食用油时，因为每天都会用到，所以一定要特别注意产品的原产地、生产日期、瓶身颜色（要深色的）和保存状态。买调味品时，要特别注意看配料表，如果字太小就用放大镜看

有机食品店	坚果、无糖豆浆、洋车前子壳粉、黄豆制品（丹贝）、高品质的橄榄油、苦茶油、椰子油、赤藓糖醇、奇亚籽、瓜尔豆胶	
传统食材店	扁桃仁（生）、琼脂粉、琼脂丝、奇亚籽、藻类	
烘焙材料店	扁桃仁粉、无盐黄油、鲜奶油、无糖巧克力、无糖可可粉、天然香精	
网络商店	基本上所有食材都可以从网络商店中买到，包括线下很难找到的食材	最好直接从农家直营店买

 小野聊天室

带放大镜的商业侦探？

　　我在商场或超市买食品时，经常使用放大镜。有一次在一家超市里用放大镜看配料表时，旁边的售货员用疑惑的目光一直盯着我看。我用放大镜其实是因为有些产品的配料表里的字比蚂蚁还小。不要不好意思！你真的需要一个放大镜。

　　了解食物成分是消费者的权利，有时候配料表里的成分不明确，可能是因为这些食品的制造商不想让消费者知道配料都有什么，这种食品最好不要头。如果食品配料表里的第一个成分是砂糖，就不用再看第二个成分了，建议马上把这种食品放回原处！

上班族也能减糖

上班族平时的早餐一般是方便携带的餐食，午餐是简单的便当，晚餐也不需要花很长时间制作。减糖期间，只要每天预先规划好三餐吃什么，然后避开含糖量高的食材，设定好烹调方式，不需要额外花很多时间来做饭，就能享用新鲜美味的健康美食。

制作减糖料理的方法很简单，例如用现成的魔芋米或魔芋面代替米饭或面条。可以利用周末先将魔芋面用冷水冲洗一下，然后放入开水中汆三分钟，再沥干水分，最后存放在冰箱中冷藏保存。可以一次性多做一些供工作日取用，冷藏可以保存 3 ~ 4 天。注意，魔芋不适合冷冻保存。

▲西葫芦魔芋炒面，既美味又让人有饱腹感

一周的减糖计划

早餐吃什么？午餐是吃便当还是在外面买？上班族常被类似的问题困扰。一般来说，吃自制的减糖料理最好，如果一定要吃外卖或是在外就餐，就要仔细挑选食物。可以提早规划出一周的减糖饮食计划，这样不但能吃得健康，平时还能减少思考的时间。

如果你没有血糖方面的问题，只是要减肥的话，早餐和午餐可以吃一般的低 GI 食物，晚餐注意减糖。这样吃虽然减肥速度比较慢，但是会比较轻松，不会觉得有压力或是很难坚持。吃早餐和午餐时可以用糙米和谷物代替白米饭，用全麦面粉代替一般的面粉或米粉，用全麦面包或杂粮面包代替一般的面包。

如果想要在短时间内减肥，最好三餐都采用减糖食谱，这样就可以取得立竿见影的效果。本书在 pp.84-87 给出了针对上班族如何吃减糖三餐的建议，减糖时可以当作参考。也可以参考之前提到的减糖饮食搭配原则自己搭配三餐。

如果胰腺功能有问题，就需要慎重考虑每餐糖类的摄取量。为了能有效控制血糖值，最好三餐都吃减糖料理，且自己准备食物。注意：魔芋饭和魔芋面热量很低，原本就比较瘦的人减糖期间应注意补充足够的热量，烹调时可以适当多加一点儿橄榄油或苦茶油。

蔬菜烹制起来非常方便。因为通常已经加热处理过，烹饪时可以省去很多时间，还可以使料理富有变化，吃起来不单调。

冷冻蔬菜是把新鲜蔬菜加工处理至七八成熟后，马上用零下 40 ~ 60℃的温度冷冻制成的小包装食品，用这种方式处理的蔬菜依旧含有很多维生素。例如冷冻菜花中的维生素 C 含量在两个月后还能保留九成。

严格地减糖（三餐都吃减糖料理）时，应避免摄入冷冻的玉米、莲藕、豌豆等，因为这些蔬菜含糖量较高。

利用现成的冷冻食材

忙碌的上班族可以到超市里购买经过加工后冷冻保存的蔬菜，这样的

食材预处理方法

肉类

肉类可以直接按照每餐食用的分量预先切好，可以切片、切丝或切块，分装至保鲜袋或分装盒中。放入冰箱冷冻层中可存放 2 ~ 4 个星期。也可以用味噌或自制酱料预先腌渍调味，再放入冰箱冷藏层中，在 3 天内食用完毕。

鱼类

鱼的种类很多，一般的处理方法是先彻底刮除鱼鳞，清除鱼鳃、腹部内脏及血水，用纸巾吸干水分，再置入食物保鲜袋中冷冻保存，并于一周内食用完毕。烹调时，可在前一天晚上将其移至保鲜盒中（可避免化冻后水流得到处都是），然后放入冰箱冷藏层中低温解冻。

虾类

采买的新鲜的虾最好是趁新鲜食用，如果要冷冻保存，建议先用牙签去除虾背上的肠泥，再用剪刀剪去虾头及虾脚，冲洗干净并沥干水后，置入保鲜袋中冷冻保存，在一个月内食用完毕。因为鲜虾很快就能煮熟，所以不建议先汆熟再冷冻保存。

蛤蜊

为了不破坏蛤蜊的风味，在烹煮蛤蜊前必须先将其浸泡在 3% 浓度的盐水中吐沙，再放到阴凉处静置，让其将泥沙吐干净。夏天时必须注意温度，如果天气太热，就要及时更换浸泡的盐水，直至泥沙吐完。吐完泥沙后，将其冲洗干净，并沥干水，再放置在塑料袋中，将袋口拴紧，用筷子在塑料袋表面戳几个洞，最后将塑料袋放置到冰箱中冷藏保存，并于 3 天内食用完毕。

乌贼等软体动物

　　海鲜类食物中，除了鱼类是优质蛋白质的来源之外，乌贼、章鱼等软体动物也富含蛋白质。烹调前，建议先将软体动物的头与身体剥开，冲洗身体内部，去除内脏等杂物，剪除眼部硬壳，再去除表面皮膜，切成块状，最后置入保鲜袋中冷冻保存，并于一周内食用完毕。

〈 豆类及其制品预处理方法 〉

豆腐

　　平时在市场或超市中买新鲜豆腐时，豆腐容易因挤压而破裂，所以最好自备保鲜盒。放入冰箱前，可以先用冷开水浸泡，这样可以维持豆腐的鲜嫩度，但每隔两天要更换冷开水，才能避免豆腐变质。当然，最好还是尽快食用完毕。没用完的豆腐可以冷冻做成冻豆腐，冻豆腐可以放入高汤中煮成汤，还可以做成其他富含蛋白质的美食。

其他豆制品

　　处理日式炸豆皮这一类的豆制品时，可以先用自己喜欢的调味品烹制，待冷却后再进行分装，最后移入冰箱中冷冻保存。处理丹贝、纳豆这样的发酵豆制品时，可以放入冰箱中冷藏，这样可保存3～5天，还可以直接冷冻保存，使用时拿出来，常温下约10分钟即可解冻。

烹制蔬菜前，先将其用水汆一下虽然会损失一小部分水溶性维生素，但是也可以减少农药残留。想要多保留一些营养素的话，建议减少烹制的时间，或者改用蒸的方式。此外，冷冻蔬菜最好1～2个月以内吃完。以下分享减糖时期常用的蔬菜和菌菇类的预处理方法。

菜花

买回菜花后，先用湿的纸将其包起来，放入塑料袋内，再存放在冰箱里冷藏保存。新鲜的菜花可以保存3～5天。推荐上班族食用菜花时，可提前处理一下再保存，例如把切碎的菜花蒸至七八分熟，不要蒸得太软，再根据每餐的食用量分装保存以便随时取用，又方便又简单。

卷心菜

先去掉卷心菜中间的芯，然后塞入湿的餐巾纸，放入冰箱中冷藏保存，每次以剥开叶片的方法取叶片。没切开的卷心菜可保存两三个星期。还可以先将取下的叶片洗净，再切成小块或细丝，最后放入密封袋中冷冻保存。卷心菜便于保存，用途也很广，是上班族可以常备的蔬菜。

西蓝花

将西蓝花洗净之后，先切成小块，清蒸或水煮后再分装冷冻保存。建议不要蒸或煮太长时间，约1分钟即可，这样可以保留西蓝花中的大部分维生素C。

油菜

将油菜清洗干净后，可先用餐巾纸吸干水，再将其放入冰箱中冷藏保存，建议3天内食用完毕。虽然也可以先水煮再挤干，然后放入密封袋中冷冻保存，但是这样会导致油菜丧失脆生生的口感。

大白菜

可将大白菜用干净的纸包起来，然后放入塑料袋中，再移入冰箱里冷藏保存，这样可以保存约两个星期。如果是切开的大白菜，则必须在一个星期以内吃完。也可以利用周末或假期试做超简单韩式泡菜！（做法见 p.150）

韭菜

可以先用湿的餐巾纸包裹住韭菜的根部，再用干净的纸包起来，直着放入冰箱中冷藏保存。也可以先将其洗干净，再放入冰箱中冷冻保存，这样可以存放1～2个月。

球生菜

上班族最方便食用的沙拉就是球生菜沙拉，拌好后带一小盒，就可以随时吃到球生菜。要注意的是，将球生菜洗净之后，不要用刀切，而是要用手将其撕成小块，因为球生菜碰到金属会氧化变成褐色。球生菜生吃前，可以先用50℃的温水（由一半开水加一半冷开水混合而成）浸泡两分钟，再沥干水分放入塑料袋中冷藏保存，这样可以增加球生菜的清香气味，并使球生菜尝起来更甜。

苦瓜

处理苦瓜时，先用毛刷将其表面清理干净，再将其剖开，去除中间的种子，然后切成小块，汆至七八分熟，这样处理过的苦瓜可冷冻保存一个月。冷冻过的苦瓜口感没有那么脆，适合用来煮汤。

西葫芦

西葫芦膳食纤维含量丰富，适合烤、煎、煮，口感清爽微脆，适合用来做各种中西式料理。西葫芦保存时间长，处理起来也简单，只要清洗后擦干，再用保鲜膜包起来放在冰箱冷藏室里，就可以储藏一个星期左右。

小黄瓜

小黄瓜是最适合生吃和凉拌的蔬菜之一，且价格亲民，到处都能买到。小黄瓜的储藏方式与西葫芦相同。还可以将其切成块状腌渍成小菜，存放在冰箱中冷藏，方便随时取出食用。

甜椒

蔬菜的颜色越深，越有营养，例如红色和绿色的甜椒富含胡萝卜素、维生素 C、维生素 B_6、叶酸和钾。买回家后，先反复清洗，然后擦干水（必须确保表面干燥），再用纸巾包裹住并用保鲜膜密封，存放在冰箱中冷藏保存，这样约可保存一周。

豆芽菜

将豆芽菜用水浸泡，放入冰箱中保存，每天换一次水的话约可保存三天。如果喜欢脆生生的口感的话，建议尽快食用完毕。

四季豆

四季豆等豆科蔬菜一般农药残留多，建议先洗干净、去除两端的蒂头和筋丝后再切。一般先用清水冲洗，再换水浸泡 3 ~ 4 次就可以。还可以先用开水氽一下，这样也能减少农药残留。煮熟后可放入冰箱中冷冻保存，炒菜时可以直接使用。

芦笋

芦笋适合各种烹调方式，易熟，不适合久煮，以氽烫 1 分钟最能保持其原味。处理时，可先用清水冲洗，然后换水浸泡 2 ~ 3 次，放在滤网上晾干水，将根部切掉 1 厘米，再用纸巾包裹起来（根部预留约 2 厘米），放入保鲜袋中，倒入少许水（盖过根部约 1 厘米），直立着放入冰箱中冷藏保存，这样可以保存 7 天左右（每隔 2 ~ 3 天要换一次水）。

新鲜菌菇

买回新鲜菌菇后，可将其用厨房纸包起来，然后放入冰箱冷藏室中，这样可以保存约一个星期。还可以先用软刷去除表面脏污，然后切成片状冷冻保存，这样可以保存2～3个月，食用前直接置于锅中烹调即可。

干香菇

买回干香菇后，可用水浸泡至软，然后切成小块状或细丝，加热或用酱油、清酒、赤藓糖醇腌制后分装成小包装冷冻保存，做菜或煮汤时，可直接取出使用。不管是单独炒还是直接加蔬菜、炸豆皮或肉一起炒，都能做出美味的料理。

〈 水果预处理方法 〉

减糖强度很高的人基本上不能吃水果，而强度低的人可以吃少量水果。购买时最好采取少量多种类的方式。水果完全熟了后甜度较高，所以购买水果时，建议挑选七八分熟的，这样的水果不但可以存放得更久，含糖量也比较低。较甜的水果一次吃不完时，可以将剩下的切块，放入冰箱中冷冻保存，用来制作冰沙、冰激凌，装饰蛋糕或低糖甜点等。

有的大超市会销售冷冻水果，如冷冻蓝莓、冷冻草莓、冷冻覆盆子等。冷冻水果一般含糖量较低，减糖期间可以适量食用。

牛油果

牛油果是公认的非常有营养的水果，含有不饱和脂肪酸，可降低胆固醇，且含糖量低，适合减肥人士和糖尿病患者食用。硬的牛油果放在室内要三四天才能熟，而熟了的牛油果可放入冰箱中冷藏保存。也可以去除果皮切成块状，放入塑料袋中密封好，移至冰箱中冷冻保存，这样可以保存1个月左右。

上班族如何吃减糖三餐

〈 减糖早餐示范 〉

组合 1

- 煎蛋
- 奶酪
- 卡西的仿面包（p.161）
- 印尼式牛油果咖啡（p.176）

组合 2

- 水煮蛋
- 德国风仿面包（p.158）
- 蓝莓果酱（p.96）
- 香醇扁桃仁奶（p.174）

组合 3

- 四角海苔仿饭包（p.120）
- 日式味噌汤（p.109）

〈 减糖午餐示范 〉

上班族可以自己制作健康减糖便当噢！

对于要减糖的上班族来说，魔芋制品是首选的常备食品。如果你要把魔芋制品当作主食，记得在前一天晚上提前准备好，早上再装入便当盒中。魔芋仿饭和魔芋面不要冷冻。

组合 1

- 菜花仿饭（p.112）
- 烫绿色蔬菜
- 安心炸鸡（p.144）
- 炒核桃丹贝（p.149）

组合 2

- 星洲风炒魔芋面（p.128）
- 味噌青花鱼（素食者可煮素鱼）
- 意大利蔬菜汤（p.110）
- 普罗旺斯奶酪烤西葫芦（p.146）

组合 3

- 仿加州卷（p.124）
- 萝卜丝萝卜汤面（p.130）
- 孝善洋菇（p.147）
- 柠檬香草煎鸡腿（p.138）

常备自制料理酱、调味酱、沙拉酱、海带高汤等，做晚餐就会很快。冬天时，吃火锅是不错的选择，当然，蘸料要自己做。铁板烧（Teppan-yaki）也是上班族的"好朋友"。在日本，很多家庭都有一台铁板烧机，再备好自制蘸料，平时就可以轻松吃上各种肉、海鲜、蔬菜、菌菇了，下班后回到家只需将食材切一下就可以了。

组合 1

- 雪白泡菜魔芋面（p.129）
- 黄金菜花（p.148）
- 多种时蔬

组合 2

- 蛋炒菜花仿饭（p.118）
- 菠菜青翠汤（p.111）
- 烫绿色蔬菜

组合 3

- 手卷仿饭寿司（p.125）
- 地中海味噌海鲜汤（p.110）
- 超简单韩式泡菜（p.150）

⟨ 减糖下午茶示范 ⟩

想吃下午茶的话，要注意食物的含糖量最好在 5 g 左右，这个分量对减糖的效果影响不大。可以吃适量自制的法式瓦片酥、抹茶饼干、超简单芝士蛋糕、仿绿豆糕（做法详见本书第 4 章）搭配咖啡或茶饮。也可以吃 15 ~ 25 粒即食的烤扁桃仁。

⟨ 用常备菜做韩式蔬菜拌饭 ⟩

用常备菜和冷冻的蔬菜可以制作类似于韩国石锅拌饭的韩式蔬菜拌饭。将各种食材切成小块，用芝麻油、蒜末、干炒白芝麻调味，再好好地搅拌一下，就可以享用味道丰富的美食了！我的韩国朋友们也喜欢吃！

▲韩国料理中有各种常备菜，搭配魔芋仿饭（做法见p.116）做成拌饭，美味又营养

 小野聊天室

饥饿感可以激活"长寿蛋白"

研究发现，人体中存在一种名为Sirtuins的"长寿蛋白"，它能调节细胞健康，而禁食等能让人体有饥饿感的方法可以激活长寿蛋白。也就是说，不吃下午茶或晚餐等轻断食、间歇性断食法不仅可以减肥，还有助于延长寿命。真好，不是吗？我每次肚子饿得咕噜咕噜响时，想到这个理论，便能忍受饥饿感。

外出就餐、聚会、过节……
减糖的人怎么吃？

外出就餐的陷阱

一般来说，减糖的人吃自己做的料理最安心，因为可以有效控制糖类摄入量，但是也会遇到没有时间做料理，或者聚会无法推辞的情况。当必须与朋友们一起到外面吃饭时，我大部分情况下会选择去火锅店或是自助餐厅，因为这两类餐厅中有多种多样的新鲜食材可供选择，能选到自己能吃的食材对减糖的人来说非常重要。

自助餐怎么吃

自助餐厅中食物的种类很多，且大多是新鲜的当季食材，酱料也可以自行控制和调整摄入量（如果担心酱料含糖量高，可以自己携带无糖的酱料）。唯一的缺点是人吃自助餐的时候会有要"吃回本"的心态，容易吃得太多、太饱，而且选得不合理，导致摄入过量的糖。

● 可以吃：最好选择能看得出原材料是什么的主菜、清淡的菜、沙拉（用橄榄油和醋来拌）、生鱼片（搭

配的酱油含糖量高，最好自己携带无糖酱油）、西式牛排及烤肉（用海盐和胡椒调味）、炒绿色蔬菜或烫绿色蔬菜（不勾芡）、汤（适量喝，原材料最好是含糖量低的）、饮品（无糖茶饮）。

如果是到素食自助餐厅，可选择用魔芋、琼脂等原材料制作的美食，生菜沙拉，主菜（注意避开含糖的酱料），还有炒绿色蔬菜或烫绿色蔬菜。

▲ 在素食自助餐厅要选择天然的食材，避开含糖的酱料

● 不要吃：米饭、粥、面包、含糖量高的面条、裹着厚厚的挂糊的油炸食品（除非你觉得去除挂糊不是一件麻烦的事）、甜汤、甜点、含糖量

高的水果和饮品。如果饭后想喝一杯有甜味的咖啡的话，可以随身携带赤藓糖醇，这样就能满足自己想吃一点儿甜点的欲望。

▲喝咖啡时可随身携带赤藓糖醇

●重点：减糖时吃自助餐的基本原则是选择合适的食物、吃八分饱，还要慢慢吃，一口食物要嚼30次，这样可以减少进食量。

火锅怎么吃

在火锅店可以吃到很多种新鲜的肉类和蔬菜，火锅店里还有各种火锅底料、汤底及蘸料。大多数火锅店可以单点，也有自助火锅餐厅，食物的种类更多，且无限量供应，还提供饮料、水果

和甜点等食物，酱料和汤底的种类也更加多元化。对减糖的人来说，去火锅店吃饭虽然用餐方便，但还是要坚持一些原则，避免摄入过量糖分。

●建议：最好选择清淡一点儿的汤底。鱼类、肉类、绿叶菜、魔芋制品含糖量很低，可以放心吃。适量摄入黄豆制品也是很好的选择。基本上大部分蔬菜都可以吃，只是要注意有些蔬菜虽然每100克的含糖量并不高，但是体积很大，例如白菜、卷心菜等，煮熟后体积会变小，就容易吃很多，导致实际上摄入的糖分并不少，例如两片大白菜含糖量约3.8克，两片卷心菜含糖量约3.4克。还要注意，蒜末的含糖量也不低。

●注意：火锅店里提供的酱油一般都含糖，注意不要吃过量，最好自己携带无糖酱油。如果想要给食物增加一点儿甜味的话，可以自己携带赤藓糖醇。调蘸料时，可以多放一点儿醋，加上香油、香菜、少量的葱末、蒜末等做成低糖蘸酱，搭配用清汤烫熟的食材，好吃又健康。

中式快餐怎么吃

街边的中式快餐店是上班族和外食族最常光顾的餐厅，餐厅的橱窗后

面摆放着各式菜肴，食物的种类多种多样，且大多是当季的时蔬、海鲜以及豆制品、蛋类、菌菇类等，可以任意挑选，让人看得食欲骤增，加上价格不贵，深受大家的欢迎。对减糖的人来说，在中式快餐店用餐问题不大，只是有一些事项要注意。

●建议：在中式快餐店，最好不要吃米饭，包括糙米饭、五谷饭，也不要吃面食。其他的基本上都可以吃。不要忘记多摄取肉类、鱼类和豆制品，以补充蛋白质。素食者不要吃太多甜甜的膏状的食物，这类食物一般含糖量很高。一般的蔬菜、菌菇都可以吃，炒的或蒸的都可以。中式快餐店里一份蔬菜的量并不大，所以吃一份薯芋及根茎类的蔬菜也可以接受。如果吃的时候发现菜比较甜的话，可以先放入清汤里或水里涮一下，去除上面的

▲在中式快餐店里最好不吃米饭，可以吃肉类、海鲜类或蔬菜类的食物

调味品后再吃，或是饭后多走一会儿，将多摄入的热量消耗掉。

早茶怎么吃

早茶店中的食物和点心种类很多，包括面点、海鲜、烧腊、油炸食品、时令热炒、甜点、饮料等，每一份的量比较小，还提供贴心的推车贩售服务。

●不要吃：早茶店中，用面粉做的食物很多，要注意回避，不要吃含糖料高的食物，例如所有的米饭、粥、炒面、炒河粉等。大部分面点的皮也是用面粉做的，如虾饺、奶黄包、烧卖等。萝卜糕和肠粉是用米浆做的，餐后甜点、新鲜的果汁和冻柠茶等饮料也都含有不低的糖分，也不建议食用。

●可以吃：原材料含糖量低的料理，如海鲜、烧腊、时令热炒、豆制品、肉类、蔬菜沙拉等。

夜市小吃怎么吃

现在，很多城市都有夜市，大部分夜市都会卖各种各样的美食，尤其是中国台湾的夜市的美食，更是很多当地人和去旅游的人的最爱。肉圆、

蚵仔煎、大肠蚵仔面线、麻油鸡、各种炭烤食物、卤味、甜点、鲜榨果汁……众多的美食不胜枚举，容易让人在放松的心态下一不小心就吃过量，甚至完全没有考虑到食物含糖量的问题。夜市对减糖的人来说是一个考验人的意志力是否坚定、能不能战胜诱惑的地方。享用夜市中的美食时，有以下事项要注意。

● 不要吃：最好不要吃肉圆、蚵仔煎、小笼包、春卷等淀粉类食物，还有鸡肉饭、卤肉饭等米饭类食物，以及冷饮、鲜榨果汁、各类甜点。还要注意，夜市上贩卖的烤肉的酱料一般含糖量较高，最好也不要吃。

● 可以吃：肉类（如麻油鸡、盐酥鸡、当归鸭）、海鲜类（如螃蟹、蛤蜊）、卤味（注意不要加甜的酱料）、臭豆腐、豆花（注意不要加甜的配料，可以加一点儿自己带的赤藓糖醇）。

▲如果想要吃甜的豆花，最好自己携带赤藓糖醇

▲勾芡的羹类，最好只吃食物不喝汤

聚餐：是快乐还是烦恼？

中式聚餐

对于中国人来说，平时过生日、聚会或举办婚礼时，大多数情况下会选择吃中餐。这种中式的宴会菜色很多，包括冷盘、热炒、大菜、汤、甜点和主食等。主人会根据宾客的饮食喜好调整菜单，使宾客可以尝尽山珍海味。参加宴会是很多减糖的人的烦恼，其实学会"偷偷"地挑选自己能吃的东西就能解决这个问题。针对参加中式聚会的减糖人士，我给出以下建议。

● 建议：尽量选择能吃的菜，只吃肉、海鲜、蔬菜及低糖水果，不吃含糖量高的主食和调味品。看到勾芡的菜时，可以跟服务员要一碗热水，将菜放到热水中涮一下再吃。

▲北京烤鸭，减糖的人除了饼皮以外都可以吃

西式聚餐

西餐是西方国家的餐食的统称，包括法式、英式、美式等多种风格的菜肴，大多是以套餐为主，包括头盘、汤、主菜、主食、甜品等多道菜品，适合酒会、自助餐会、婚宴、小型商务宴席、生日宴会等场合。西餐中会根据食物种类搭配合适的酒，每道菜品量都不大，以精致取胜，其中甜品的种类更是多种多样。针对参加西式宴会的减糖人士，我给出以下建议。

● 建议：参加宴会前可先告诉宴会的主人自己在饮食方面的特殊需求，如不吃淀粉等，方便厨师提前调整菜单和食材，达到宾主尽欢的目的。此外，意大利菜和法国菜的主菜通常是肉类或海鲜，含糖量较低，十分适

合减糖的人食用。法国菜中基本上不会用砂糖，但有时候会用到水果。此外，如果觉得酱汁比较甜就不要吃，薯芋类及根茎类料理（如马铃薯沙拉）最好也不要吃，可以请服务员换成蔬菜沙拉。开胃酒和鸡尾酒的含糖量一般比较高，最好不要喝，如果实在是想喝酒的话，可以喝一杯红酒。

▲在咖啡里加上自己带的赤藓糖醇来代替甜品，给一顿晚餐画下完美的句号

▲牛排可以吃，但不要加含糖量高的酱料

日式聚餐

日式聚餐的主要形式是三五好友在日式居酒屋聚会，或是和客户、同学、朋友、家人在日式高级餐厅聚餐。日式佳肴大多以当季食材为主，包括各种海鲜、肉类、蔬菜等。也有一些日式餐厅以怀石料理为核心，制作精致的轻食料理。调味品以酱油、柴鱼高汤、砂糖、味醂、盐、芥末、日本柚子酱为主。日式料理摆盘讲究，食物精致美味，搭配清酒，可以满足食客视觉与味蕾的双重需求。对于减糖的人来说，参加日式聚餐时在饮食方面还是有一些应该注意的事项。

● 建议：日式居酒屋中可以吃的菜品比较多，例如盐烤鱼、烤鸡肉串、烤各式蔬菜等。只要避开含糖量高的蔬菜，如玉米、山药、芋头等就可以。可以喝味噌汤。在日本，无糖的啤酒或清酒比较常见，它们可以说是一些爱喝酒的减糖人士的"救星"。至于日本传统的怀石料理，除了米饭和水果外，前菜、清汤、生鱼片、烤鱼、煮菜、用醋调味的凉菜、味噌汁、腌菜等，减糖的人基本上都可以吃。

▲ 在居酒屋里，只要注意避开淀粉就好，鸡肉串和蔬菜（注意食用量）都是不错的选择

自己做节日美食

很多节日都与美食有关，而很多中国的传统节日美食，例如月饼、粽子、元宵等，含糖量都非常高，春节假期也是一个非常容易发胖的时期。如果减糖期间正好赶上过年，可以全家人一起吃火锅，火锅对减糖的人来说相对比较友好，但还是要注意不要过分摄入含糖量高的食材，如玉米、芋头、粉丝等。还要注意肉丸和鱼丸中隐藏的淀粉，对于这一类用淀粉加工制成的食品一定要当心。

下面是一个自制月饼的食谱。除了月饼，端午节可以做无淀粉仿粽子，元宵节可以做仿芋圆，过年可以做低糖饼干，情人节可以做减糖巧克力。上述食物的食谱参见本书第4章。

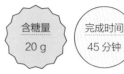
〈 小野低糖大月饼 〉

含糖量	完成时间
20 g	45 分钟

[馅料原料]

* 黑豆　50 g
* 无糖黑芝麻酱　50 g
* 赤藓糖醇　50 g
* 洋车前子壳粉　1 大匙
* 鸡蛋　半个
* 咸蛋黄　1~3 个
* 坚果（松子、核桃、扁桃仁薄片、切碎的巴西坚果等）、熟白芝麻、瓜子仁等　各 2 ~ 3 大匙

[饼皮原料]

* 扁桃仁粉　100 g
* 赤藓糖醇　30 g
* 洋车前子壳粉　1 大匙
* 鸡蛋　半个
* 植物油　5 大匙
* 盐　少许

[饼皮做法]

1. 将扁桃仁粉、赤藓糖醇、洋车前子壳粉、盐放入容器中，搅拌均匀。

2. 再将鸡蛋和植物油放入其中搅拌均匀，然后放进保鲜袋中，用手压平或用擀面棍擀平，做成饼皮。

3. 取 2/3 的饼皮慢慢地放入不锈钢模具里（因为没加面粉，所以饼皮很容易破，请用手指一点一点地将饼皮贴到模具底部及侧壁上），形成饼皮状，备用。

[馅料做法]

1. 将黑豆浸泡 8 个小时以上，然后加满水煮至软，再碾碎至没有颗粒。

2. 将全部的原料（除咸蛋黄外）放入容器中，搅拌均匀，做成内馅。

3. 把内馅放入饼皮中，再轻轻地埋入咸蛋黄。

4. 取剩余的 1/3 饼皮包裹住露在外面的馅料，捏成球状，月饼就做好了。

5. 将月饼放入烤箱中，先以 180℃烤 20 分钟，然后以 170℃烤 15 分钟左右，烤至表面呈金黄色，即可取出，放凉后即可食用。

第④章
减糖健康厨房

\ 低糖果酱 /

蓝莓果酱

含糖量: 5 g
完成时间: 10分钟
冷藏保存: 14天

[原料]

◆ 蓝莓　50 g　　◆ 琼脂粉　2 g（1 小匙）
◆ 赤藓糖醇　4 ~ 5 大匙　◆ 冷开水　200 g

[做法]

1. 将蓝莓洗净，放入容器中，用手持式搅拌棒搅拌成糊状。

2. 将全部原料放入锅中，用慢火煮，边煮边搅拌。

3. 待煮沸后熄火，趁热倒入玻璃瓶中即可。

小野 TIPS*

● 这种蓝莓果酱水果量小，且不含砂糖，可放心搭配低糖面包、低糖蛋糕或低糖冰激凌等食用。赤藓糖醇没有防腐功能，建议将做好的蓝莓果酱冷藏保存，14天内吃完。

草莓果酱

含糖量: 8.7 g
完成时间: 10分钟
冷藏保存: 14天

[原料]

◆ 大小适中的草莓　5 ~ 6 颗
◆ 琼脂粉　2 g（1 小匙）
◆ 赤藓糖醇　4 ~ 5 大匙
◆ 冷开水　200 g

[做法]

1. 将草莓洗净，放入容器中，用手持式搅拌棒搅拌成糊状。

2. 将全部原料放入锅中，用慢火煮，边煮边搅拌。

3. 待煮沸后熄火，趁热倒入玻璃瓶中即可。

小野 TIPS

● 将加入了琼脂的草莓果酱放入冰箱里放凉后，取用时如果觉得酱太硬，可当作果冻食用，或加入少许水煮沸；如果觉得太软，可当作布丁或冰激凌的配料。

---

*tips 的意思是实用的提示。

柠檬卡仕达酱

含糖量：2.6 g
完成时间：20分钟
冷藏保存：7天

[原料]
- 蛋黄　2个
- 柠檬汁　25 ml
- 赤藓糖醇　80 g
- 无盐黄油　50 g

[做法]
1. 将蛋黄、柠檬汁放入容器中搅拌均匀，过滤后加入赤藓糖醇、无盐黄油拌匀。
2. 将上一步中做好的混合物隔水加热，用中火煮至熔化，并用打蛋器一直搅拌。
3. 待混合物形成黏稠的奶油状后将其倒入玻璃瓶中即可。

 小野 TIPS

● 这是英国传统的果酱，有浓郁的奶香及清爽的柠檬味。

南洋炼乳

含糖量：10 g
完成时间：20分钟
冷藏保存：30天

[原料]
- 椰奶罐头　1罐
- 赤藓糖醇　100 g

[做法]
1. 将椰奶和赤藓糖醇放入汤锅中，以中火煮，边煮边搅拌。
2. 煮至分量减少了一半时，倒入玻璃瓶中即可。

小野 TIPS

● 赤藓糖醇长时间冷藏会产生结晶现象，只需要再次加热就会化开。

 ● 南洋炼乳可以搭配面包吃，加入咖啡中味道也很好。椰奶也可以用豆浆或自制香醇扁桃仁奶（做法见p.174）来代替。

\ 料理酱 /

减糖番茄酱

含糖量：37 g
完成时间：40分钟
冷藏保存：7天

[原料]

◆ 番茄　1 kg
◆ 洋葱泥　1 大匙
◆ 蒜泥　1 小匙（可放可不放）
◆ 意大利香料　适量（可放可不放）
◆ 盐、胡椒粉、白醋　各少许
◆ 赤藓糖醇（或甜菊糖）　适量（可放可不放）
◆ 辣椒粉、肉豆蔻、多香果粉　各适量（可放可不放）
◆ 瓜尔豆胶　适量（可放可不放）

[做法]

1. 将番茄洗净，氽烫去皮，放入料理机中打成番茄泥。

2. 将番茄泥倒入汤锅中，以中火煮至量减少一半（番茄泥会越煮越稠），加入意大利香料、洋葱泥、蒜泥、赤藓糖醇，再以小火煮 20 ~ 30 分钟。

3. 先加入盐、胡椒粉、白醋、辣椒粉、肉豆蔻、多香果粉（根据自己的口味调整食材的种类和分量），再一点一点地加入瓜尔豆胶。

4. 将番茄酱搅拌均匀，根据用途调整番茄酱的黏稠度（稀一点儿的番茄酱含糖量低，稠一点儿的适合做比萨的配料）。

5. 将番茄酱倒入消过毒的玻璃瓶中，移入冰箱中冷藏保存即可。

小野 TIPS

● 市售的番茄酱中含有大量砂糖，100 g番茄酱含糖量为30 g左右，平时很容易因为食用过量而摄入过量糖分。

● 要选用普通品种的番茄，不可以用含糖量相对较高的圣女果。

● 忙碌的上班族可以利用市售的100%番茄汁，加入香料和赤藓糖醇，煮五分钟就能做出简易版的番茄酱。

安心素沙茶酱

含糖量：1~3 g
完成时间：10分钟
冷藏保存：60天

[原料]

• 香油　140 g
• 混合植物油　60 g
• 大蒜粉、姜粉、椰子粉、花生粉　各适量
• 香料混合物（丁香粉、胡椒粉、小茴香粉或孜然粉、辣椒粉、多香果粉、五香粉）　各适量
• 赤藓糖醇（或甜菊糖）　适量
• 酱油、盐　各适量

[做法]

1. 在经过煮沸灭菌的干净的宽口瓶中倒入混合植物油、香油（总量占瓶罐容积的2/3）。

2. 放入大蒜粉、姜粉、椰子粉、花生粉。

3. 用小匙一点一点地加入香料混合物。丁香粉和五香粉味道浓烈，注意控制用量，可以先加入少许尝一下味道。

4. 加入适量赤藓糖醇、酱油、盐，拌匀后将酱料倒入玻璃瓶中即可。

小野 TIPS

● 混合植物油可以由橄榄油、苦茶油和芝麻油等组成。自制安心素沙茶酱的优点是成分明确，用的油较安全。如果要制作台式沙茶酱，可在此基础上加入扁鱼干、虾米、炸红葱酥，用手持式搅拌棒拌匀即可，但要注意炸红葱酥含糖量高，不要过量添加。多香果粉可根据个人口味调整用量。

扁桃仁甜面酱

含糖量：3 g
完成时间：5分钟
冷藏保存：30天

[原 料]

- 扁桃仁粉　3 大匙
- 橄榄油　5 大匙
- 无糖酱油　1 大匙
- 无糖味噌（暗褐色）　1/2 大匙
- 赤藓糖醇　2 大匙

[做 法]

将全部原料放入容器中，搅拌均匀，然后倒入玻璃瓶中即可。

小野 TIPS

● 扁桃仁甜面酱可以浇在蒸茄子、鲜豆腐、牛油果、蒸鸡胸肉上，简单又健康。抹在烤好的仿面包上也很好吃！上班或是外出就餐时可以带一小瓶扁桃仁甜面酱当作蘸料使用。

泰式绿咖喱酱

含糖量：4 g
完成时间：10分钟
冷藏保存：30天

[材 料]

- 绿咖喱酱　25 g
- 柠檬草　4 ~ 5 枝
- 香油　适量
- 赤藓糖醇　2 大匙
- 烧酒　适量（可放可不放）

[做 法]

1. 将柠檬草洗净，取软的部分切成细末，放入容器中。

2. 加入绿咖喱酱、烧酒、香油、赤藓糖醇，搅拌均匀，倒入玻璃瓶中即可。

小野 TIPS

● 这道酱是用泰国的绿咖喱酱调制而成的，适用于搭配烤肉、煎肉、海鲜、烤素肉（丹贝、豆腐等），有明显的泰式风味，不吃辣的人可减少绿咖喱酱的用量。

减糖酱油膏

含糖量：10 g
完成时间：5分钟
冷藏保存：90天

[原料]

- 无糖酱油　100 g
- 瓜尔豆胶　1 小匙
- 大蒜末　适量
- 八角　1 粒（可放可不放）
- 赤藓糖醇　50 g
- 花椒粉（或辣椒粉）　少许

[做法]

将全部原料放入容器中搅拌均匀，然后倒入玻璃瓶中，移入冰箱中冷藏即可，方便随时取用。

小野 TIPS

○ 市售酱油膏含糖量不低，对想要减肥和控制血糖的人来说不是很合适。这道酱油膏含有大蒜、花椒粉（或辣椒粉）、八角等材料，低糖、安全、美味又健康。

第 4 章　减糖健康厨房

健脑益智坚果酱

含糖量：15 g
完成时间：15分钟
冷藏保存：30天

[原料]

- 扁桃仁　30 g
- 核桃　30 g
- 巴西坚果　30 g
- 无糖酱油　3 大匙
- 橄榄油（或苦茶油）　100 g
- 白芝麻、花生粉（或椰子薄片）　各适量
- 松子　30 g
- 南瓜子　30 g
- 大蒜粉　2 小匙
- 赤藓糖醇　2 大匙

[做法]

1. 将扁桃仁、松子、核桃、南瓜子、巴西坚果放入搅拌机中打碎，然后放入容器中。

2. 在容器中加入大蒜粉、无糖酱油、赤藓糖醇、橄榄油（或苦茶油），然后搅拌均匀。

3. 还可以根据个人口味放入白芝麻、花生粉（或椰子薄片）等，搅拌均匀后倒入玻璃瓶中即可。

小野 TIPS

○ 健脑益智坚果酱既可以直接吃，也可以用来拌蔬菜、肉类、鱼类、面类，还可以涂抹在面包上，好吃又健康，适合全家人食用。

＼ 美乃滋 ／

嫩豆腐美乃滋

含糖量：5.7 g
完成时间：3分钟
冷藏保存：5天

[原料]
- 嫩豆腐　300 g
- 橄榄油　50 ml
- 白醋　2 大匙
- 芥末　1 大匙
- 盐　1 小匙
- 赤藓糖醇　2 大匙
- 姜黄粉　1 小撮

[做法]
1. 将全部原料（除嫩豆腐外）放入容器中，用手持式搅拌棒搅拌约20秒。
2. 最后加入嫩豆腐，搅打20～30秒至呈糊状即可。

小野 TIPS

这是成功率100%的全素美乃滋！唯一要注意的是买芥末时，要注意看成分，有的芥末含砂糖或蜂蜜，要买无糖的。如果买的是没有独立包装的嫩豆腐，一定要先用开水汆烫，放凉后才可以用于制作美乃滋。

酸奶美乃滋

含糖量：9.2 g
完成时间：5分钟
冷藏保存：5天

[原料]
- 无糖酸奶　200 ml
- 芥末　1 大匙
- 白胡椒粉　少许
- 盐　1/3 小匙
- 瓜尔豆胶　1/3 小匙（可放可不放）
- 赤藓糖醇　1 大匙（可放可不放）

[做法]
将全部原料放入容器中，用手持式搅拌棒搅拌至呈糊状即可。

小野 TIPS

这道美乃滋中不含油脂，口感比较清爽。如果不放瓜尔豆胶，将其他材料混合，可以制成一般的沙拉酱。

奶油奶酪美乃滋

含糖量：4 g
完成时间：5分钟
冷藏保存：7天

[原料]

- 奶油奶酪　3 大匙
- 橄榄油　3 大匙
- 盐　少许
- 姜黄粉　1 小撮
- 赤藓糖醇　1 大匙（可放可不放）
- 芥末　2 大匙
- 白醋　1 大匙
- 蒜末　1/2 小匙
- 白胡椒　少许

[做法]
将所有原料放入容器中，用手持式搅拌棒搅拌均匀即可。

小野 TIPS

● 用奶油奶酪制成的美乃滋口感特别香醇。

山葵豆浆美乃滋

含糖量：3 g
完成时间：15分钟
冷藏保存：5天

[原料]

- 豆浆　50 ml
- 赤藓糖醇　1 大匙
- 山葵粉（或山葵酱）　2 小匙
- 橄榄油　50 ml
- 盐　少许
- 白醋　2 小匙

[做法]

1. 将豆浆、10 ml 橄榄油、赤藓糖醇、盐放入容器中，用手持式搅拌棒搅拌均匀。

2. 将剩下的橄榄油分两次加入容器中，一次放 20 ml，分别搅拌均匀。

3. 加入山葵粉（或山葵酱）、白醋，再拌匀即可。

小野 TIPS

● 用豆浆制成的美乃滋十分爽口，适合当作生菜、肉类或海鲜的佐料。一入口，会瞬间在舌尖绽放出极致的美味。

＼ 沙拉酱 ／

万能沙拉酱

含糖量：0 g
完成时间：5分钟
冷藏保存：7天

[原料]
- 橄榄油 8大匙
- 白醋（无糖苹果醋或无糖葡萄醋） 3～4大匙
- 盐 1/2小匙
- 胡椒粉 少许
- 赤藓糖醇 1/2～1大匙
- 芥末 1～2小匙
- 蒜末 1小匙
- 鱼露 1～2滴

[做法]
将全部原料放入容器中，用打蛋器搅拌均匀即可。

小野 TIPS

● 沙拉酱的做法有很多，可根据喜好自行选择原料来搭配，如用香油、姜泥和酱油可做成亚洲风味的沙拉酱；用柠檬汁、稍多一点儿赤藓糖醇、鱼露、姜泥、切碎的香草和香菜等可制成泰式沙拉酱。

芝麻沙拉酱

含糖量：2.3 g
完成时间：5分钟
冷藏保存：7天

[原料]
- 芝麻油 6大匙
- 无糖芝麻酱 3大匙
- 无糖酱油 1大匙
- 白醋（或陈醋） 2大匙
- 姜末 1小匙
- 赤藓糖醇 1～2大匙
- 蒜末 1小匙（可放可不放）

[做法]
1. 将全部原料放入容器中，用搅拌器搅拌均匀（甜度可自行调整）。
2. 再加入适量冷开水调整浓度，搅匀即可。

小野 TIPS

● 市售的芝麻沙拉酱含有很多添加剂和糖，最好是自己动手做，做好后可以放在冰箱中保存。这道酱可以搭配新鲜的有机蔬菜或海藻食用，简单又美味。芝麻油可以换成香油或苦茶油。

意大利沙拉酱

含糖量：0 g
完成时间：5分钟
冷藏保存：7天

[原料]

- 橄榄油　8大匙
- 无糖葡萄醋（或白醋）　3~4大匙
- 罗勒、百里香、奥勒冈叶　各少许
- 赤藓糖醇　1大匙
- 盐　1/2小匙

[做法]
将全部原料放入容器中，用搅拌器搅拌均匀即可。

小野 TIPS

● 这道意大利沙拉酱中，油和醋的比例大约是2∶1，橄榄油可用芝麻油、苦茶油的混合油代替。如果是使用价位较高的油，如核桃油、亚麻籽油、扁桃仁油等，建议制作一次的使用量，避免油脂氧化变质。

酸奶沙拉酱

含糖量：2 g
完成时间：5分钟
冷藏保存：7天

[原料]

- 橄榄油　6大匙
- 盐　1/2小匙
- 赤藓糖醇　1/2~1大匙
- 蒜末　1小匙（可放可不放）
- 无糖酸奶　3大匙
- 胡椒粉　少许
- 芥末　1~2小匙

[做法]
将全部原料放入容器中，用搅拌器搅拌均匀即可。

小野 TIPS

● 这道沙拉酱可搭配帕玛森奶酪、各种捣碎的坚果（如扁桃仁薄片、干炒芝麻等）、水煮蛋食用，可补充蛋白质，味道也很棒。

● 搭配干面包块时，可以将吃剩的低糖面包切成小块状，用橄榄油以小火煎脆，蘸酱后再撒上少许盐、百里香、干罗勒调味，还可以加入一点儿大蒜粉，口感会更香醇。

\ 调味酱 /

蒜蓉豆豉酱

含糖量：6.5 g
完成时间：10分钟
冷藏保存：60天

[原料]
- 切碎的豆豉　3大匙
- 蒜　2瓣
- 冷开水　2小匙
- 蒸馏酒　2小匙
- 赤藓糖醇　2大匙
- 瓜尔豆胶粉　1/2小匙
- 盐　少许
- 橄榄油　适量

[做法]
1. 将蒜瓣切碎。取炒锅，倒入适量的橄榄油，放入豆豉、大蒜碎，以中火拌炒。
2. 加入冷开水、盐、蒸馏酒、赤藓糖醇及瓜尔豆胶粉翻炒均匀即可。

小野 TIPS

● 蒜蓉豆豉酱适合搭配各种中式料理，如各种蔬菜、烧豉汁排骨、煎鱼、烤肉等。

甜辣酱

含糖量：3.8 g
完成时间：5分钟
冷藏保存：60天

[原料]
- 零添加辣椒酱　2大匙
- 赤藓糖醇　3大匙
- 瓜尔豆胶粉　1/2小匙
- 冷开水　适量

[做法]
将全部原料放入容器中拌匀即可。

小野 TIPS

● 甜辣酱适合凉拌或作蘸料，如凉拌小海鲜、凉拌肉片，或作为粽子、煎蛋、蚵仔煎的蘸料。

海山酱

含糖量：9 g
完成时间：5分钟
冷藏保存：60天

[原料]
- 无糖酱油　4 大匙
- 无糖味噌（暗褐色）　1 大匙
- 自制番茄酱　3 大匙
- 香油　3 大匙
- 赤藓糖醇　3 ~ 4 大匙
- 甘草粉　1/2 小匙
- 瓜尔豆胶　1 小匙
- 冷开水　适量

[做法]
将全部原料放入容器中拌匀即可。

小野 TIPS

市售的海山酱的主要原料是米粉，其中还含有不少砂糖，所以减糖的人最好自己做海山酱，不仅成分安全，且咸度、甜度可依自己的喜好做调整。

安心担担面酱

含糖量：4 g（1人份）
完成时间：15分钟
冷藏保存：7天

[原料] 2 人份
- 绞肉　300 g
- 蒜末　1 小匙
- 红葱头末　2 大匙
- 橄榄油　适量
- 自制海山酱　2 大匙
- 赤藓糖醇　2 大匙
- 无糖酱油　1 大匙
- 蒸馏酒　1 大匙
- 水　200 ml

[做法]
1. 取炒锅倒入适量的橄榄油，放入绞肉、蒜末、红葱头末，以中火拌炒 5 分钟。
2. 加入剩余的原料拌匀，以小火煮约10分钟即可。

小野 TIPS

安心担担面酱最适合用来拌干炒魔芋面，而素食者可以将绞肉换成素肉，如切碎的丹贝、面筋等。

\ 蘸酱 /

墨西哥式牛油果酱

含糖量：约8 g

完成时间：15分钟

冷藏保存：2天

[原料]

• 熟牛油果 1个   • 番茄 1/4个
• 洋葱 1/8个   • 香菜 2根
• 蒜末 1/2小匙   • 辣椒 适量（可放可不放）
• 柠檬汁 1小匙   • 小茴香粉 1小撮
• 盐、胡椒粉 各适量

[做法]

1. 将熟牛油果去皮，取果肉用汤匙压碎，加入切碎的番茄、洋葱、香菜、蒜末、辣椒、柠檬汁、小茴香粉搅拌均匀。

2. 加入盐和胡椒粉拌匀即可（可根据个人口味调整用量）。

小野 TIPS

● 减糖的人可以用这道酱来蘸蔬菜（萝卜、生菜、黄瓜、芹菜、甜椒等）吃，健康又美味，也适合涂抹在面包、三明治上或搭配牛排来食用。

拉帕尔马香菜酱

含糖量：4 g

完成时间：5分钟

冷藏保存：7天

[原料]

• 香菜 1大把   • 橄榄油 200 g
• 大蒜 3瓣   • 盐 适量

[做法]

1. 将香菜洗净、擦干、切碎，放入容器中。

2. 加入大蒜、橄榄油、盐，用手持式搅拌棒搅打均匀即可。

小野 TIPS

● 这是加那利群岛之一的拉帕尔马岛的特产"绿酱"。如果买了一大把香菜用不完的话，可以加上述原料制成新鲜的绿酱，用来蘸生菜、面包、鸡蛋、豆制品、肉类、鱼类等吃，方便又好吃。

\ 万用高汤 /

海带高汤

含糖量：0 g
完成时间：2分钟
冷藏保存：3天

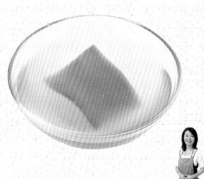

[原料]

• 海带　1 片
• 冷开水　500 ml

[做法]

将海带、冷开水放入罐中，存放在冰箱里冷藏一个晚上即可。

小野 TIPS

● 也可以将海带和水放入锅中煮，煮至沸腾后熄火（海带煮久了会有苦味），再浸泡10～20分钟，放凉后放入冰箱中保存。

● 餐厅的高汤作法：取海带和1～2个干贝，煮沸，放凉后放入冰箱中冷藏，就可制成含糖量非常低且具有纯天然的甘醇味和香气的高汤了。

日式味噌汤

含糖量：3~4 g
完成时间：15分钟

[原料]

• 海带高汤　1 碗
• 无糖味噌（暗褐色）　1 大匙
• 白萝卜丝　适量
• 金针菇　适量
• 日式炸豆皮　适量
• 干海带芽　适量

[做法]

1. 将食材洗净，金针菇切小段；日式炸豆皮用热水冲洗去除表面的油；干海带芽泡水至软，切小块。将金针菇和海带芽煮熟。

2. 将海带高汤倒入汤锅中煮沸，加入白萝卜丝、日式炸豆皮，以中火煮约 5 分钟。

3. 再放入无糖味噌拌匀（不要煮沸），熄火，放入煮熟的金针菇、海带芽即可。

小野 TIPS

● 在日本，早餐一定会喝味噌汤。除上述做法外，还可以在前一天晚上把小鱼干放入锅里浸泡一个晚上，让小鱼干的香味慢慢地释放出来，早晨再加入味噌汤。这样精心煮出来的味噌汤跟冲泡出来的味噌汤的口感真的不一样。

地中海味噌海鲜汤

含糖量：5 g
完成时间：30分钟

[原料]

- 蛤蜊、乌贼片、白肉鱼片、鲜虾 各适量
- 蒜 2瓣
- 洋葱 1/2个
- 迷迭香 1/2小匙
- 藏红花 1小撮
- 罐装无糖番茄汁 200 g
- 无糖味噌 1~2大匙
- 西芹 1/2根
- 橄榄油 适量

[做法]

1. 取70℃左右的热水浸泡藏红花约10分钟。

2. 将蛤蜊、乌贼片、白肉鱼片、鲜虾洗净；将洋葱、西芹切丁，将蒜切末，备用。

3. 取炒锅倒入橄榄油加热，以小火炒蒜末、洋葱丁。

4. 加入无糖番茄汁和适量水，放入迷迭香、藏红花、西芹丁煮5分钟。

5. 加入全部海鲜，以中火煮熟，然后加入无糖味噌调味，再煮5分钟即可。

意大利蔬菜汤

含糖量：5 g（1人份）
完成时间：30分钟

[原料] 2人份

- 西芹丁 3大匙
- 洋葱丁 1大匙
- 蒜 1瓣
- 橄榄油 少许
- 帕玛森奶酪 适量
- 胡萝卜丁 2大匙
- 无糖番茄酱 1/2碗
- 海带高汤 600 g
- 盐、胡椒粉 少许

[做法]

1. 将蒜切末。取平底锅倒入少许的橄榄油加热，放入蒜末、洋葱丁以中火炒1分钟。

2. 先加入西芹丁、胡萝卜丁炒约3分钟，再倒入海带高汤（也可以用鸡汤或水）、无糖番茄酱，以小火煮15~20分钟。

3. 放入盐、胡椒粉调味，盛入容器中，撒上帕玛森奶酪即可。

菜花浓汤

含糖量: 5.4 g
完成时间: 20分钟

[原料]

- 菜花　1/4 棵
- 洋葱　1/8 个
- 蒜　1 瓣
- 鸡汤（或水）　300 g
- 鲜奶油　100 g
- 橄榄油　少许
- 盐、胡椒粉　各适量

[做法]

1. 将菜花洗净，放入食物料理机中搅碎，然后放入锅中清蒸 2 ~ 3 分钟。

2. 将蒜和洋葱切末。取平底锅加入少许橄榄油加热，放入大蒜末、洋葱末以中火拌炒 1 分钟，放凉。

3. 将菜花、蒜末、洋葱加入鸡汤中，用手持式搅拌棒搅拌至呈糊状。

4. 将糊状混合物倒入汤锅中，以小火边煮边搅拌至沸腾。食用前加入鲜奶油，再以小火煮 1 分钟，放入盐、胡椒粉调味即可。

菠菜青翠汤

含糖量: 1 g（1人份）
完成时间: 20分钟

[原料] 2 ~ 3 人份

- 菠菜　1 把
- 鲜奶油　100 g
- 海带高汤（或鸡汤）　800 g
- 盐　少许

[做法]

1. 将菠菜洗净，余烫至呈鲜绿色，捞起，用冷水冲凉，挤干水。

2. 将海带高汤倒入容器中，加入菠菜，用手持式搅拌棒搅拌均匀（如果太浓可加水调整）。

3. 将搅拌好的混合物倒入锅中，以中火煮约 5 分钟，然后加入鲜奶油，再放入盐调味即可。

小野 TIPS

● 菠菜的含糖量极低，是减糖人士的理想选择。菠菜中含有草酸，会导致菠菜吃起来有涩味，其实只要将菠菜在清水中浸泡10分钟，或是余烫之后用流水冲凉，就可以减少70% ~ 80%的草酸。

╲ 菜花仿饭 ╱

含糖量
2.3 g

完成时间
8 分钟

小野 TIPS

● 蒸菜花时，要注意蒸的时间，蒸太久会影响菜花的味道，因此建议蒸的过程中最好不要离开厨房，可根据菜花的量调整时长，确保蒸熟后立即取出。

● 如果要用菜花来制作炒饭，建议减少蒸菜花的时长，最好是蒸至七八分熟。

● 不在菜花粒中添加洋车前子壳粉的话，菜花粒会比较散，可用来制作口感较干的各式仿饭，例如炒饭或印度咖喱饭。

[原料] ◆菜花 1棵

[做法]

1 将菜花洗净，切成小块。

2 将切好的菜花放入食物料理机中。

3 用一只手压住料理机，另一只手持拉杆，将菜花搅拌成米粒状。

4 将菜花粒倒入容器中。

5 将容器放入蒸锅中。

6 盖上锅盖，以中火蒸2~3分钟。

7 检查菜花仿饭的熟度。

8 低含糖量的菜花仿饭就做好了!

低含糖量的菜花仿饭可替代白米饭!

＼ 菜花高纤仿饭 ／

含糖量
2~3g

完成时间
6分钟

[原料]

◆ 菜花　半棵

◆ 洋车前子壳粉　1 ~ 3 大匙

[做法]

1

将菜花洗净，放入食物料理机中搅碎，然后倒入容器中蒸熟，即制成菜花仿饭。（做法详见 p.113）

2

在菜花仿饭中加入洋车前子壳粉（先加入 1 大匙），搅拌均匀。

3

静置约 10 分钟后，观察黏度，想要黏一点儿的口感的话，可再放一些洋车前子壳粉做调整。

 小野 TIPS ⋯⋯⋯⋯⋯⋯⋯⋯⋯⋯⋯⋯⋯⋯⋯⋯⋯⋯⋯⋯⋯⋯

● 洋车前子壳粉吸水后可膨胀至原来体积的数十倍大，添加在菜花仿饭中会吸收水分产生黏性，形成糯米饭的口感，可替代米饭和糯米饭。因为洋车前子壳粉是淡褐色的，搭配菜花仿饭看起来很像糙米饭，会给人一种很健康的感觉。

● 洋车前子壳粉原来是治疗或预防便秘的草药，在德国有很多人都爱使用它。需要注意的是，食用洋车前子壳粉时要多补充水分，因为洋车前子壳粉的吸水力相当强。洋车前子壳粉可帮助排便和排出毒素，预防肠道疾病的发生。

\魔芋仿饭/

含糖量
0 g

完成时间
5分钟

[原料]

◆ 魔芋面　1包

[做法]

1. 将魔芋面用流水冲洗干净。

2. 放入滚水中汆烫（以去除氢氧化钙）。待水再次煮沸时捞起，沥干水。

3. 放入不沾的平底锅中以中火干炒去除水分。

4. 将干燥的魔芋面切成米粒状，盛入容器中即可。

 小野 TIPS

● 魔芋仿饭适合搭配印度料理（例如咖喱类的料理），还可以倒入热开水中做成仿稀饭。魔芋仿饭口感清淡，可以根据个人喜好调味。

● 使用市售的魔芋面制成的魔芋仿饭外观与白米饭基本相同，只是吃起来没有白米饭的嚼劲，闻起来也不像刚蒸熟的白米饭那么香，第一次吃可能会不太习惯。但请不要放弃它，看起来不起眼的魔芋隐藏着很多优点，我们也可以根据个人喜好加一点儿调料来调味。

\魔芋高纤仿饭/

含糖量
0 g

完成时间
5分钟

[原料]

◆ 魔芋面　1包
◆ 洋车前子壳粉　1大匙

[做法]

1. 将魔芋面用流水冲洗干净。

2. 将魔芋面放入滚水中汆烫（可去除氢氧化钙）。待水再次煮沸时捞起，沥干水。

3. 将魔芋面切成碎末状（约米粒大小，形状类似刚煮好的白米饭）。

4. 放入洋车前子壳粉搅拌均匀，待洋车前子壳粉充分吸收魔芋中的水分至用筷子可以夹起来的程度即可。

 小野 TIPS

● 市售的魔芋米与自制魔芋米相比，前者颗粒较大，后者口感较细腻，可根据个人喜好来选择。这道魔芋高纤仿饭也适合用来做无淀粉仿粽子（做法详见 p.155）。

● 魔芋高纤仿饭适合做成便当，因为比较不容易坏掉，而菜花仿饭在常温下比较容易变质。我坐国际航班时一定会带魔芋高纤仿饭便当，因为飞机提供的餐点大部分含有很多糖，减糖的人只能吃几块肉或鱼以及一点儿生菜，所以最好自己带魔芋高纤仿饭便当，含糖量低又能让人有饱腹感。

\ 蛋炒菜花仿饭 /

含糖量
2 ~ 3 g

完成时间
5 分钟

[原 料]

◆ 菜花仿饭（p.112） 2 小碗
◆ 鸡蛋 2 个
◆ 葱末 少量

◆ 蒜末 少量
◆ 橄榄油 1 大匙
◆ 无糖酱油 适量

[做 法]

1. 将鸡蛋打散，将蛋黄及蛋白分别装入两个容器中。

2. 将菜花仿饭放入装有蛋黄的容器中，用筷子搅拌均匀。

3. 取炒锅倒入橄榄油加热，加入葱末和蒜末炒香，再倒入蛋白略拌炒。

4. 再放入蛋黄和菜花仿饭的混合物拌炒均匀，最后倒入无糖酱油调味即可。

 小野 TIPS

● 如果不能吃蛋黄，也可以用蛋白做蛋白菜花仿饭，做法是：将除蛋黄外的原料
按照上述做法炒好后，撒上1小匙姜黄粉搅拌均匀，最后撒上黑胡椒粉即可。

\仿稀饭/

含糖量
0 g

完成时间
1 分钟

[原料]

- 魔芋仿饭（p.116）　1 碗
- 洋车前子壳粉　1/2 小匙
- 热水　适量

[做法]

1. 将魔芋仿饭放入容器中，加入洋车前子壳粉搅拌均匀。

2. 倒入热水拌匀即可。

 小野 TIPS

◎ 洋车前子壳粉放太多的话，仿稀饭会变成糊糊状。如果你喜欢较稀的仿稀饭，也可以不放洋车前子壳粉。刚开始制作仿稀饭时可每次少加一点儿水，少量多次，多尝试几次，找到自己最喜欢的口感的配方。

◎ 外出旅行时可以将魔芋仿饭放入容器中随身携带，无论是到餐厅吃饭还是坐飞机，都可以倒入热水拌匀，一碗仿稀饭就做好了，清爽、暖胃又有饱腹感。

＼四角海苔仿饭包／

含糖量
2 ~ 3 g

完成时间
12分钟

[原料]

- 海苔　1张
- 菜花高纤仿饭（p.114）　1碗
- 萝卜苗　适量
- 水煮蛋　1个
- 奶酪　1片
- 牛油果　适量
- 洋车前子壳粉　1大匙

 小野 TIPS ·············

- 日式传统的三角状饭团叫Onigiri，意思是"用双手捏"。但现在日本流行一种新式饭团，缘起是一位年轻的父亲为小孩准备便当时，想要做一种不必捏就可以快速完成的饭团，有人就把这种饭团称为Onigirazu（不捏的饭团），所以我也研发了减糖版的不用捏的四角海苔仿饭包。要特别注意，天气炎热时菜花容易变质，最好是做完后马上吃，上班族带去办公室时要记得放在办公室的冰箱里保存。

1

制作菜花高纤仿饭。（做法详见 p.115）

2

取一张烘焙纸，在上面放一张海苔，取适量的菜花高纤仿饭放在海苔中间。

3

将菜花高纤仿饭铺平，整理成方形，不要太厚。

4

将牛油果果肉切成片状，将奶酪和牛油果片铺在仿饭上。

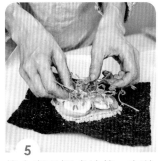

5

将水煮蛋切成片状。在仿饭上铺上水煮蛋、萝卜苗。

6

再铺上一层菜花高纤仿饭（厚度与底层的仿饭相同）。

7

将海苔的四个角往中间折，用烘焙纸将饭团包成方形（不用压得太扁）。

8

用刀将饭团从中间切成两半。

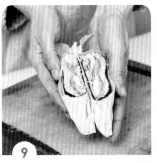

9

减糖版的不用捏的饭团就做好了。还可以根据个人喜好调整馅料的种类。

\三角海苔仿饭团/

含糖量
2~3 g

完成时间
5分钟

[原料]
- 海苔 半张
- 菜花高纤仿饭（p.114）
  （或魔芋高纤仿饭
  p.117）1 碗
- 自制鲑鱼肉松 适量
- 盐 少许

[做法]
1. 取一张保鲜膜，先在上面撒少许盐，然后将菜花高纤仿饭（或魔芋高纤仿饭）铺在保鲜膜上面。

2. 将自制鲑鱼肉松放在仿饭中间，用双手将饭团捏成三角形。

3. 取海苔包在饭团的最外面，即可享用。

 小野 TIPS ·······································

◉ 饭团制作起来很简单，吃起来又很方便，用菜花高纤仿饭或魔芋高纤仿饭做饭团可减少糖的摄取量，饭团也是最适合想要减脂或降血糖的人外出时随身携带的食物，美味又健康。

◉ 用上面这种方式制作台式饭团也没问题。可选择台式饭团传统的馅料，如肉松、煎蛋、酸菜、金枪鱼、油条、萝卜干等材料使口味更丰富。但是要注意，萝卜干和用面粉做成的油条含糖量高，要少吃一点儿，可以用新鲜的莴苣或炸的豆皮代替油条，用小黄瓜代替萝卜干，营养健康又美味。这些食材口感比较脆，适合用作馅料。

自制无糖鲑鱼肉松

[原料]

◆ 鲑鱼　适量

◆ 盐　适量

含糖量：0 g

完成时间：20分钟

[做法]

1. 将鲑鱼洗净，用纸巾擦干水，去掉鱼骨。

2. 将鲑鱼肉放入滚水中，以中小火氽烫约 5 分钟后取出，去除鱼刺，压成小块状。

3. 取平底锅，放入鲑鱼肉、盐，以小火干炒，边炒边搅拌，直至没有水分即可。

 小野 TIPS

◎ 鲑鱼肉松的咸度可以自行调整。盐越多，保存时间越长，但也不要太咸。用的盐较少的话，可以冷藏保存三天，想要保存更长时间必须冷冻存放。

◎ 在日本的便利店中一般都有鲑鱼肉松馅的饭团。早期在北海道，咸鲑鱼是很多家庭的常备食物。因为较咸，可以保存很久，所以也是便当的常备菜肴。如果有机会买到咸鲑鱼的话，可以直接品尝或尝试用它制作三角海苔仿饭团，别有一番风味。

\ 仿加州卷 /

含糖量
4 g

完成时间
10 分钟

[原料]

- 海苔　1 张
- 菜花高纤仿饭（p.114）
  1 碗
- 牛油果　1/2 个
- 新鲜熟虾仁　5 ~ 8 只
  （或新鲜的鲑鱼片 5 片）
- 赤藓糖醇　2 大匙
- 白醋　3 大匙
- 盐　1/3 小匙

[做法]

1. 将牛油果去皮，取果肉，
   切条。

2. 将海苔放在寿司卷帘上
   （亮的那一面朝下）。

3. 在菜花高纤仿饭中加入赤
   藓糖醇、白醋和盐并搅拌
   均匀，至黏度较高即可。

4. 将仿饭平铺在海苔上，
   注意厚薄要均匀。

5. 在仿饭上放上牛油果
   条、熟虾仁（或新鲜的
   鲑鱼片），将卷帘卷起
   来并压紧，做成寿司卷，
   切成 4 块，摆盘即可。

 小野 TIPS

● 加州卷原本是取蟹肉（或蟹肉棒）、牛油果为馅料卷成的寿司，这款寿司是
一位日本寿司师傅于20世纪70年代在美国的加州发明的，他用牛油果代替生
鲜食材，还把寿司做成外卷的形式。加工的蟹肉棒含有淀粉和砂糖，不适合
减糖期间食用，所以我改用新鲜熟虾仁来代替蟹肉棒，既有营养又健康，还
很好吃。新鲜的虾买回家之后，务必先用牙签去除肠泥。煮虾时，用热水煮
至虾身弯曲时要立即熄火，以免煮得过熟导致虾肉太硬，影响口感。

\手卷仿饭寿司/

含糖量 0.5 g　完成时间 5 分钟

[原料]

- 菜花高纤仿饭（p.114）　适量
- 海苔　1 张
- 胡萝卜条、球生菜　各适量
- 萝卜苗、奶酪片　各适量
- 水煮虾肉　适量
- 山葵酱、无糖酱油　各适量
- 赤藓糖醇　2 大匙
- 白醋　3 大匙
- 盐　1/3 小匙

[做法]

1. 将海苔用剪刀剪成两半。

2. 在菜花高纤仿饭中加入赤藓糖醇、白醋和盐并搅拌均匀，至黏度较高即可。

3. 取一半海苔，将仿饭平铺在上面，再放上胡萝卜条、球生菜、奶酪片，包成手卷状。

4. 再取一半海苔，将仿饭平铺在上面，再放入萝卜苗、水煮虾肉，包成手卷状，即可享用。可根据口味，搭配适量山葵酱、无糖酱油食用。

 小野 TIPS

这是日本家庭晚餐的常见菜品，称为手卷寿司（Temaki-sushi）。邀请客人到家里用餐时，可以准备两种寿司饭，一种是减糖版本的，一种是普通版的。普通版的寿司饭做法如下：将300 g米洗净，加入360 ml水、一片海带，煮至米饭熟，加入约4大匙白醋、2大匙砂糖、2小匙盐搅拌均匀，使米饭迅速变凉（日本人会用团扇扇），这样可以使米饭有光泽。

\ 意大利番茄魔芋面 /

含糖量
6 g

完成时间
10 分钟

[原料]

◆ 魔芋面　1 包
◆ 大蒜末　1 小匙
◆ 无糖番茄酱　100 g
◆ 橄榄　7 ~ 10 个（可放可不放）
◆ 橄榄油　少许
◆ 罗勒　适量
◆ 盐　1 小撮
◆ 黑胡椒碎　少许
◆ 帕玛森奶酪粉　适量

[做法]

1. 用冷水冲洗魔芋面，然后将其放入热水中汆烫，再捞起、切段。

2. 在炒锅中加入少许橄榄油，放入大蒜末拌炒，再加入无糖番茄酱、橄榄，边煮边搅拌。

3. 加入魔芋面拌炒至收汁入味，然后放入盐及撕碎的罗勒，盛出。

4. 撒上黑胡椒碎、帕玛森奶酪粉，即可食用。

 小野 TIPS

● 爱吃面又不能吃白面条的人可以尝试一下用黄豆或魔芋做成的减糖面条。魔芋面是最容易买到的用来代替白面条的食材，有咬劲，且容易入味，保质期长，价格又便宜，建议减糖的人可以常备这种食材。如果喜欢吃扁一点儿的面条，可以将魔芋冻切成薄片状。魔芋面与魔芋扁面条口感不一样，可以试试看。

● 罗勒是做意大利菜时常用到的香料，也很容易种。我在日本九州老家的庭院中种过，夏天时庭院和庭院附近形成了一片"罗勒海"。

\ 蘑菇鲜奶油魔芋面 /

[原 料]

- 魔芋面　1包
- 橄榄油　2大匙
- 大蒜末　1小匙
- 葱花　10 g
- 鲜奶油　80 g
- 蘑菇片　100 g
- 盐、胡椒粉　各少许
- 帕玛森奶酪粉　适量

[做 法]

1. 将魔芋面用水冲洗干净，再以热水汆烫，然后捞起，切成合适的长度。

2. 在炒锅中加入橄榄油，放入大蒜末、葱花拌炒。

3. 先加入蘑菇片、鲜奶油煮熟，然后放入盐、胡椒粉调味（也可以加入1大匙白葡萄酒），食用时撒入帕玛森奶酪粉即可。

含糖量 4 g

完成时间 10分钟

 小野 TIPS

- 全素食者可以用豆浆或自制扁桃仁奶替代鲜奶油，但味道会比较清淡。加一点儿瓜尔豆胶的话味道会比较浓郁，可以先在豆浆（或扁桃仁奶）中加入1/2小匙瓜尔豆胶搅拌一下再略煮即成。

- 我住的德国小城市只有25万人，但这里也有亚洲食品店，里面有从中国进口的魔芋米和魔芋面，可是常常断货，因为要减肥的德国人也开始吃魔芋面和魔芋米了。很多人会将魔芋米和普通的大米一起煮（比例为1∶1），听他们说，家人根本没发现"米饭"的口感不同喔！

＼星洲风炒魔芋面／

含糖量
3 ～ 10 g

完成时间
10 分钟

[原 料]

- 魔芋面　1 包
- 胡萝卜丝　30 g
- 卷心菜丝　50 g
- 青辣椒丝　30 g
- 鸡肉丝　80 g
- 大蒜末　10 g
- 姜末　10 g
- 橄榄油　少许
- 咖喱粉　1/2 ～ 1 小匙
- 酱油　1 小匙
- 赤藓糖醇　少许
- 米酒　1 小匙
- 蚝油　少许
- 芝麻油　少许

[做 法]

1. 用冷水冲洗魔芋面，并放入热水中汆烫，然后捞起，切成合适的长度。

3. 在平底锅中放入少许橄榄油加热，然后放入大蒜末、姜末炒香，再放入胡萝卜丝、卷心菜丝、鸡肉丝和青辣椒丝拌炒。

3. 最后加入魔芋面和剩余的原料拌炒至收汁，即可食用。

 小野 TIPS ··············

- 魔芋面容易吸收酱汁的味道，所以非常适合搭配咖喱。做这道菜时，可任意选择放入的蔬菜和肉类。做之前，不妨先看看冰箱里还有哪些没吃完的肉和蔬菜（如洋葱、菌菇、青椒、甜椒、嫩豌豆、豆芽等），该它们出场了！

- 在这道菜中加入少量蚝油可提味，但大部分市售蚝油含糖量不低，注意不要用过量。

\雪白泡菜魔芋面/

含糖量
7 g

完成时间
10 分钟

[原料]

- 魔芋面　1包
- 冰豆浆　250 ml
- 水煮蛋　1个
- 豆芽　20 g
- 圣女果　适量
- 韩式泡菜　50 g
- 芝麻（炒熟备用）　少许
- 日式味噌（或盐）　少许
- 海苔丝　少许

[做法]

1. 用冷水冲洗魔芋面并将其放入热水中汆烫，然后捞起，切成合适的长度，放入汤碗中。将圣女果切成两半。

2. 将魔芋面、日式味噌（或盐）及冰豆浆放入汤碗中，再加入水煮蛋、豆芽、圣女果、韩式泡菜、芝麻、海苔丝，即可食用。

 小野 TIPS

- 这是我参照韩国人夏天喜欢吃的凉面的做法做的，用魔芋面做成的豆浆泡菜凉面味道很不错，尤其适合在炎热的夏季食用，清淡、美味又健康。

- 可以使用自制的不经过过滤的黄豆浆（含豆渣）来做，就能感受到黄豆本身的浓厚滋味，不需要再加其他调味品。

- 除韩式泡菜和豆芽外，还可以加入黄瓜丝等各式蔬菜或水煮肉片等食材。

\萝卜丝萝卜汤面/

含糖量
4 g

完成时间
15 分钟

[原料]

◆ 白萝卜　一段（约 10 厘米长）
◆ 白萝卜块　50 g
◆ 自制鸡汤　适量
◆ 葱花　适量
◆ 香菜　适量
◆ 盐　少许

[做法]

1. 将白萝卜削去外皮，取刨刀将白萝卜刨成长丝状，撒入少许的盐拌匀，放置 10 分钟后挤干水分，制成白萝卜长丝（用来代替面条）。

2. 将鸡汤倒入汤锅中煮沸，放入白萝卜块煮至九分熟，然后加入白萝卜丝煮熟，最后撒入盐调味。

3. 将做好的汤面倒入碗中，放入香菜、葱花，即可食用。

 小野 TIPS ···

● 这道菜用白萝卜长丝替代传统的白面条，富含膳食纤维，味道清新。可通过调整煮的时长来控制萝卜长丝的软硬度，煮好的萝卜长丝可以用来炒或是做汤面。还可以将白萝卜处理成各种形状，来代替意大利面等食材，处理的方法不同，成品的口感也不一样。

\一分钟琼脂凉面/

[原料]

◆ 琼脂丝　10 g

◆ 热开水（或高汤）　适量

◆ 嫩海带芽　适量

[做法]

1. 用剪刀把琼脂丝剪成 5 厘米左右的长段。

2. 将琼脂丝用冷开水泡 10 分钟（时间更长一点儿也可以），然后挤干。

3. 将泡好的琼脂丝放入容器中，加入嫩海带芽，倒入热开水或高汤浸泡 3 分钟即可。

含糖量
0 g

完成时间
15 分钟

 小野 TIPS ....

● 干的琼脂丝（洋菜丝）可以用来代替一般的面，倒入热的高汤后会立即变得透明、滑溜。唯一的缺点是一定要马上吃，不然琼脂丝就会开始溶化，所以琼脂丝不适合用来做便当，但是可以利用琼脂丝的这个特性来做快餐。例如我去旅行时会随身携带琼脂丝，不管是在飞机上还是在饭店里，只要倒入热开水就可以吃。

● 晒干的琼脂丝可以保存几年。除做成汤面外，琼脂丝也可以搭配各种食材做成炒面。但是必须先将食材炒好，最后才加入琼脂丝，以免琼脂丝溶化。

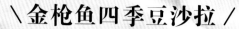

＼金枪鱼四季豆沙拉 ／

含糖量
7 g

完成时间
10 分钟

[原 料]

- 罐装金枪鱼　200 g
- 四季豆　50 g
- 洋葱　30 g
- 圣女果　2 颗
- 玉米笋　2 个
- 盐、黑胡椒碎　各适量
- 白醋　5 ml
- 柠檬汁　3 ml
- 橄榄油　10 ml

[做 法]

1. 将罐装金枪鱼控干水，撕成小块，备用。

2. 将四季豆两头根部去除，切成长 5 厘米左右的段，用热水汆熟，备用。

3. 将洋葱去皮，洗净，切成长条。将圣女果洗净，切成两半。将玉米笋洗净，备用。

4. 把准备好的原料放在一个容器中，加入盐、黑胡椒碎、白醋、柠檬汁、橄榄油搅拌均匀。

5. 将拌好的沙拉放到盘子中即可食用。

 小野 TIPS

- 汆四季豆的时候一定要汆至全熟才可食用，以免中毒。

＼西蓝花鸡肉沙拉／

含糖量
5 g

完成时间
10 分钟

[原 料]

- 熟鸡胸肉 1 块
- 红甜椒 30 g
- 橄榄油 8 ml
- 盐、黑胡椒碎 各适量
- 西蓝花 100 g
- 新鲜罗勒叶 3 g
- 红酒醋 3 ml
- 帕玛森奶酪粉 30 g

[做 法]

1. 把西蓝花掰成小朵，用开水氽熟，过凉，备用。

2. 将熟鸡胸肉切成厚片。将红甜椒洗净，切成小丁，备用。

3. 把以上食材放到容器中，加入罗勒叶、盐、黑胡椒碎、橄榄油和红酒醋，搅拌均匀，放入盘中。最后撒上帕玛森奶酪粉即可。

什锦海鲜沙拉

含糖量
15 g

完成时间
20 分钟

[原 料]

◆ 鲜鱿鱼　1 条
◆ 八爪鱼　50 g
◆ 混合蔬菜　适量
◆ 橄榄油　8 ml
◆ 黑醋（巴萨米克醋）　5 ml

◆ 大虾　3 只
◆ 菠菜　50 g
◆ 柠檬汁　15 ml
◆ 盐、黑胡椒碎　各适量

[做 法]

1. 把鱿鱼处理好，洗净，切圈。将大虾开背，去虾线。将八爪鱼洗净，切段。

2. 将以上处理好的海鲜用开水余熟，过凉，待用。

3. 把菠菜和混合蔬菜清洗干净装入容器中，和处理好的海鲜放在一起，撒上盐、黑胡椒碎、黑醋和橄榄油拌匀，装入盘中即可。

牛油果鲜虾沙拉

含糖量 4 g

完成时间 10 分钟

[原料]

• 牛油果　1个
• 芝麻菜　80 g
• 柠檬汁　1 ml
• 虾　10只
• 圣女果　5个
• 奶油奶酪美乃滋（p.103）　2匙

[做法]

1. 将牛油果去皮，去核，洗净，切成方丁，备用。将虾去掉外壳，只留虾肉，去掉虾线，然后用开水汆熟，过凉，备用。

2. 将芝麻菜和圣女果清洗干净，将芝麻菜控干水，圣女果切成两半。

3. 把虾肉和牛油果放在容器中，加入奶油奶酪美乃滋和柠檬汁，搅拌均匀。

4. 将芝麻菜铺在盘子上，然后把拌好的虾和牛油果放在上边，最后在旁边搭配上圣女果即可。

＼比目鱼配柠檬黄油汁／

含糖量
4 g

完成时间
15分钟

[原料]

- 比目鱼　300 g
- 香叶　2 片
- 黄油　30 g
- 豌豆　5 g
- 白兰地　3 ml
- 柠檬黄油汁、白胡椒粒、盐　各适量
- 新鲜混合蔬菜　适量
- 清水　1000 ml

[做法]

1. 把比目鱼洗净，备用。

2. 在平底锅内放入清水、黄油、盐、白胡椒粒、香叶和白兰地，先用大火煮开，然后改为小火，把鱼肉和豌豆一起放进锅里，慢火煮约 4 分钟即熟。

3. 将比目鱼和豌豆放入盘中，浇上柠檬黄油汁。最后用适量的混合蔬菜点缀即可。

 小野 TIPS

- 柠檬黄油汁制作起来很简单。准备冻黄油100 g、柠檬汁2 ml、干白葡萄酒10 ml、白兰地2 ml、新鲜莳萝碎少许、盐、白胡椒粉各适量，将除黄油和莳萝外的所有材料混合到一起倒进平底锅中。先用大火烧开，然后改为微火，把黄油一点一点地融入调味汁里，待黄油均匀地化开后加入莳萝碎即可。

\ 美国红酒T骨牛排 /

含糖量
4 g

完成时间
12 分钟

[原料]

◆ T骨牛排　1块（约350 g）

◆ 绿节瓜　30 g

◆ 新鲜迷迭香　1枝

◆ 黄油　30 g

◆ 黄节瓜　30 g

◆ 胡萝卜　20 g

◆ 红酒酱汁、盐、黑胡椒碎　各适量

[做法]

1. 把T骨牛排洗净，用盐和黑胡椒碎腌制3分钟，备用。

2. 将胡萝卜、黄节瓜、绿节瓜洗净，切成厚片，氽熟，备用。

3. 在平底锅中加入黄油，加热至化开，放入腌制好的牛排，用中火先把带脂肪的部分煎上色，再把两面均煎上色，煎5分钟即可。

4. 将煎好的牛排放到盘子里，淋入红酒酱汁，配上蔬菜，最后用迷迭香点缀即可。

 小野 TIPS

● T骨牛排是牛背上的脊骨肉，也是非常嫩的肉，几乎不含肥膘，因此很受爱吃瘦肉的朋友的青睐，也很适合减糖人士食用。

＼柠檬香草煎鸡腿／

含糖量
3 g

完成时间
35 分钟

[原 料]

- ◆ 琵琶鸡腿　1 只
- ◆ 柠檬　3 块
- ◆ 盐、黑胡椒碎　各适量
- ◆ 辣椒粉　5 g
- ◆ 无糖酱油　8 ml

- ◆ 新鲜混合蔬菜　适量
- ◆ 大蒜碎　8 g
- ◆ 迷迭香　3 g
- ◆ 柠檬汁　少许
- ◆ 黄油　15 g

[做 法]

1. 将鸡腿去骨、洗净、控干水，加盐、黑胡椒碎、大蒜碎、迷迭香、辣椒粉、柠檬汁和无糖酱油腌制 30 分钟。

2. 在锅内放入黄油，用小火把鸡腿肉煎上色并煎熟，备用。

3. 在盘中放上混合蔬菜，把鸡腿肉放在中间，最后放上柠檬即可。

 小野 TIPS

● 如果不喜欢鸡肉的腥味，可以用香草和柠檬汁腌制鸡肉，两者都有非常好的去腥的作用。

\迷你牛肉卷/

含糖量
3 g

完成时间
10 分钟

[原 料]

◆ 牛柳　200 g

◆ 松子　1 大匙

◆ 黄芥末　10 g

◆ 菠菜叶　80 g

◆ 盐、黑胡椒碎　各适量

◆ 黄油　10 g

[做 法]

1. 把牛柳洗净，切成 8 厘米长、3 厘米厚的片。用盐、黑胡椒碎、黄芥末腌制 3 分钟，备用。

2. 将菠菜叶洗净。将松子放入平底锅中炒熟，备用。

3. 把菠菜叶均匀地铺在牛肉上，撒上松子，将牛肉卷起来，然后用牙签串起来。

4. 在平底锅中放入黄油加热，待黄油化开，放入牛肉卷，用大火煎至上色即可。

\经典炭烧猪颈肉/

含糖量
2 g

完成时间
80 分钟

[原 料]

- 猪颈肉　500 g
- 泰国小辣椒碎　20 g
- 香菜碎　30 g
- 香茅碎　30 g
- 赤藓糖醇　少许
- 芝麻　适量
- 柠檬汁　2 ml
- 鱼露　2 ml
- 无糖酱油　1 ml
- 蜂蜜、白芝麻　各少许

[做 法]

1. 将小辣椒碎、香菜碎、香茅碎、赤藓糖醇、柠檬汁、鱼露、无糖酱油混合在一起，制成腌料。

2. 将猪颈肉洗净，在肉上切花刀，放到腌料中腌制 45 分钟。

3. 将腌制好的猪颈肉放到炭火上用小火熏烤 30 分钟，每隔 10 分钟涂抹一次蜂蜜。

4. 烤熟后撒上白芝麻，切片，装盘即可。

 小野 TIPS

● 烤好的猪颈肉既可以直接食用，也可以蘸酱料食用。酱料制作方法：将泰国小辣椒碎、鱼露、赤藓糖醇、切碎的柠檬、香菜末混合在一起即可。

\日式香煎鳕鱼/

含糖量
4 g

完成时间
15 分钟

[原 料]

- 鳕鱼　200 g
- 紫茄子片　30 g
- 鸡蛋　1/2 个
- 黄油　20 g
- 节瓜片　50 g
- 扁桃仁（或扁桃仁薄片）　适量
- 洋车前子壳粉　2 大匙
- 盐、胡椒粉、无糖酱油、柠檬汁　各适量

[做 法]

1. 将铁板设置为 180℃ 预热。将鳕鱼清洗干净，用盐和胡椒粉腌制入味。

2. 将扁桃仁放入料理机中打碎。

3. 将鸡蛋、洋车前子壳粉放入容器中搅拌均匀，然后放入腌好的鳕鱼肉蘸一下，再取出撒上扁桃仁碎。

4. 在预热好的铁板上放黄油，待黄油化开，放入鳕鱼、节瓜片、茄子片煎制，将鱼肉两面均煎成金黄色，蔬菜煎熟，在蔬菜上撒盐和胡椒粉。

5. 将煎好的蔬菜放入盘中垫底，上面放鳕鱼，最后淋上无糖酱油和柠檬汁即可。

＼幸福蒲烧素鳗鱼／

含糖量
5 g

完成时间
20分钟

[原料]

- 豆腐　400 g
- 洋车前子壳粉　2 大匙
- 海苔　1 张
- 无糖酱油　3 大匙
- 赤藓糖醇　3 ~ 4 大匙
- 日本山椒粉（或花椒粉）　适量
- 清酒　1 大匙
- 橄榄油　少许

[做法]

1. 将豆腐捣碎，加入洋车前子壳粉搅拌均匀（搅拌至洋车前子壳粉吸收了豆腐的水分），然后放置 10 ~ 20 分钟（亦可在前一天先做好，然后放入冰箱冷藏室中保存）。

2. 取出已凝结的豆腐，放在海苔上推开并压平，做成鳗鱼片状，用剪刀剪成 8 片。

3. 在不粘锅中加入少许橄榄油烧热，然后放入 "鳗鱼片" 以中火将两面煎熟，煎至豆腐表面焦脆，然后加入无糖酱油、赤藓糖醇和清酒，煮 3 ~ 5 分钟。

4. 煮至酱油变得浓稠、开始冒泡，水分蒸发约八成时熄火，撒上日本山椒粉（或花椒粉）即可享用。

 小野 TIPS ··

● 这道菜是没有鳗鱼的 "鳗鱼料理"。应素食主义者的要求，我用豆腐代替鳗鱼做了这道菜，结果身边喜欢吃鱼的朋友们也很爱吃这道菜。蒲烧鳗鱼的酱料是关键，这里的酱料是用无糖酱油和赤藓糖醇调配而成的。

● 还可以用煮或蒸熟的菜花来代替鳗鱼，做法是将煮软的菜花（煮或蒸都可以）压碎做成菜花泥，加入洋车前子壳粉搅拌均匀，压平制成 "鳗鱼片"。这种做法做出的 "鳗鱼料理" 与豆腐相比多了蔬菜的清香味。

\ 安心炸鸡 /

[原 料]
- 去骨鸡腿肉　1 块
- 橄榄油　少许

[仿面衣原料]
- 扁桃仁（或扁桃仁薄片）　适量
- 鸡蛋　1/2 个
- 洋车前子壳粉　2 大匙

[腌 料]
- 无糖酱油　2 大匙
- 赤藓糖醇　1 大匙
- 五香粉　1/2 小匙
- 蒜末、姜末　各 1 小匙

[做 法]

1. 用擀面杖拍打去骨鸡腿肉，以便接下来腌制时更容易入味。

2. 将腌料放入容器中搅拌均匀，然后放入鸡腿肉，浸泡至少 3 小时，接着放入冰箱中保存（可提前一天准备好）。

3. 将扁桃仁或扁桃仁薄片放入料理机中打碎（5 ~ 10 秒，注意不要打得太细、变成扁桃仁粉）。

4. 将鸡蛋、洋车前子壳粉放入容器中搅拌均匀，然后放入腌鸡肉，蘸均匀后取出，散上扁桃仁碎，放入热油锅中油炸至熟即可。

 小野 TIPS ···

◎ 市售的炸鸡的面衣是用面粉制成的，不适合减糖的人食用，而用上面这种仿面衣可以做日式天妇罗，炸各种菌菇类、瓜果类蔬菜、肉类或海鲜等食物。

◎ 最好购买散养的有机土鸡（可用去骨鸡腿肉或鸡胸肉），再搭配自制的仿面衣，就能做出外面买不到的安心炸鸡，减糖时也可以享用。

◎ 除了炸，也可以将抹上了仿面衣的鸡肉放入烤箱中烘烤，方法是将鸡肉放在烘焙纸上，以180℃烤10分钟，然后将鸡肉翻过来再烤10分钟即可。

\普罗旺斯奶酪烤西葫芦/

含糖量
3.5 g

完成时间
5分钟

[原料]

◆ 西葫芦　1根
◆ 奶酪片　50 g
◆ 普罗旺斯香料　1小匙
◆ 盐　少许
◆ 黑胡椒碎　少许

[做法]

1. 将西葫芦洗净，先切成段（长约7厘米），再切成薄片。

2. 在烤盘上放上烘焙纸，然后依次放入西葫芦片、奶酪片和普罗旺斯香料。

3. 将烤盘放入烤箱中，以上下火180℃烤12～15分钟至熟。

4. 取出，撒上盐、黑胡椒碎调味，即可食用。

 小野 TIPS ....

● 普罗旺斯香料是法国南部的特产，是用迷迭香、薄荷、罗勒、百里香、月桂叶、墨角兰、薰衣草等混合而成的，搭配瓜果类蔬菜烘烤，能使食物的口感更有层次。

● 西葫芦也可以切成圆片状，放入平底锅中用橄榄油以中小火煎熟，搭配胡椒碎和盐，也能呈现出食物原本的味道。

\孝善洋菇/

[原料]
- ◆ 新鲜洋菇　适量
- ◆ 盐　少许

[做法]

1. 将洋菇用湿纸巾擦干净，并且除掉蒂根部分。

2. 将洋菇倒过来，放入不沾的平底锅中，再撒上盐，以小火慢煎（不要动洋菇）。

3. 10～15分钟后，洋菇会渗出鲜美的汤汁，将整锅端至餐桌上即可享用。要小心不要烫到噢！

含糖量 0 g

完成时间 15分钟

第4章　减糖健康厨房

 小野 TIPS ·················

- ◉ 看到"孝善"两个字，有人可能会感到疑惑，其实这道菜是我的一个叫孝善的韩国朋友教我的。这道菜做法十分简单，不仅能吃到洋菇，还可以品尝到从洋菇中渗出来的汤汁，味道十分鲜美。而且洋菇含糖量低，减糖期间可以放心食用。

- ◉ 还可以用烤箱做这道菜，方法是：取烤盘，放入烘焙纸，摆上洋菇，再撒上盐，以180℃烤约15分钟即可。

\ 黄金菜花 /

含糖量
6 g

完成时间
15 分钟

[原料] 2 ~ 3 人份

- 菜花　半棵
- 大蒜末　1 小匙
- 无糖番茄酱　5 大匙
- 姜黄粉　1 小匙
- 小茴香粉　1 小匙
- 盐、胡椒粉　各少许
- 橄榄油　少许

[做法]

1. 将菜花洗净，掰成小块。

2. 在炒锅中加入少许橄榄油，放入大蒜末，用小火炒香。再放入姜黄粉、小茴香粉和无糖番茄酱拌炒均匀，然后放入菜花、盐搅拌均匀。

3. 盖上锅盖，用中小火焖15 ~ 20 分钟，然后轻轻搅拌，待菜花变得软烂时熄火，撒入胡椒粉拌匀即可。

 小野 TIPS ···

- 品尝过这道黄金菜花的朋友们都问我这道菜怎么做，足见其美味程度。即使是放到冰箱里冷藏保存，第二天再取出吃口感也很好，适合当作家中的常备菜。

- 用姜黄粉做料理时一定要搭配胡椒粉，两者搭配在一起具有一定的抗氧化、提高免疫力等作用。但要注意不要摄取过量，一天控制在1.5 ~ 3 g为宜。

\炒核桃丹贝/

含糖量 8 g

完成时间 8 分钟

[原料]

- 丹贝　80 g
- 核桃　10 个
- 大蒜末　1 大匙
- 香菜　适量
- 橄榄油　少许
- 无糖花生酱　1 大匙
- 白芝麻酱　1 大匙
- 无糖酱油　1 小匙
- 赤藓糖醇　1 大匙

[做法]

1. 将丹贝切成边长约 1 厘米的小方块，和无糖花生酱、白芝麻酱、无糖酱油、赤藓糖醇一起放入容器中拌匀。

2. 在炒锅中放入少许橄榄油加热，然后放入丹贝，用中小火煎至呈金黄色，盛出。

3. 放入大蒜末、核桃略炒，再放入丹贝拌炒，熄火后撒上香菜即可。

 小野 TIPS ·······························

● 丹贝与花生酱很配，但花生的含糖量较高，减糖的人不能过量食用。

● 为了享受花生酱的风味，可以自制花生辣酱。做法是：取无糖花生酱 5~6 大匙、芝麻酱 3 大匙、辣椒酱、蒜末、姜末、花生油、芝麻油、赤藓糖醇、无糖酱油、白醋、盐等材料各适量，放入容器中搅拌均匀（如果太稠的话，可用花生油或芝麻油稀释），调整至自己喜欢的辣度和甜度即可。

超简单韩式泡菜

含糖量 10 g

完成时间 20 分钟

[原 料]

- 大白菜 1/4 棵
- 盐 1 大匙

[腌 料]

- 韩国辣椒粉 2 大匙
- 蒜泥 1 大匙
- 姜泥 1 小匙
- 青葱 适量
- 鱼露 1 小匙
- 赤藓糖醇 1 大匙

[做 法]

1. 将大白菜洗净，切成段，加入盐拌匀，等候1～2小时，然后挤干水分。

2. 将韩国辣椒粉、蒜泥、姜泥、青葱、鱼露、赤藓糖醇放入容器中搅拌均匀，腌料就做好了。

3. 戴上手套，将大白菜浸入腌料中搅拌均匀，然后装入玻璃瓶中，盖上瓶盖并将瓶口密封好。

4. 将玻璃瓶放入冰箱中冷藏保存，约3天后就可以吃了，一般一个星期后最好吃，可根据个人口味调整发酵的时长。

小野 TIPS ·······

● 购买市售的韩式泡菜时要注意看成分表，不要买含糖量高的种类。自己动手腌韩式泡菜很简单，且大部分原料很容易买到，韩国的粗辣椒粉从网上也很容易买到。这种辣椒粉只是看起来辣，吃起来还好。没有用完的辣椒粉最好冷冻保存。

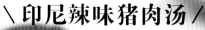

＼印尼辣味猪肉汤／

含糖量
8 g

完成时间
100 分钟

[原 料]

- 猪排骨　500 g
- 小辣椒　2 个
- 无糖酱油　少许
- 丁香　2 粒

- 杏仁　100 g
- 柠檬汁　5 ml
- 姜末　20 g
- 盐、白胡椒粉、香菜　各适量

- 洋葱碎　20 g
- 橄榄油　30 ml
- 蒜末　20 g

[做 法]

1. 把猪排骨洗净，剁成 3 厘米长的段，用开水汆一下，清洗干净，备用。将小辣椒切成段。

2. 在汤锅内加入橄榄油，待油热后放入洋葱碎、姜末、蒜末、小辣椒段、丁香和无糖酱油，用小火煸炒 8 分钟。

3. 放入猪排骨，继续煸炒 5 分钟，加入清水，用大火烧开，撇去浮沫，改小火慢炖 1 小时。

4. 1 小时后放入杏仁，继续煮 15 分钟。

5. 用盐、白胡椒粉和柠檬汁调味，撒上香菜即可。

＼虾仁蒸蛋羹／

含糖量
2 g

完成时间
10 分钟

[原料]

◆ 虾仁　2 个
◆ 干香菇　1 个
◆ 茼蒿　1 根
◆ 海带高汤（p.109）　400 ml

◆ 鸡蛋　2 个
◆ 鸡肉　1 块
◆ 无糖酱油　适量

[做法]

1. 将蒸锅预先加热至上汽。

2. 将鸡肉切丁。将干香菇泡发，洗净，切片。将茼蒿洗净，切段。

3. 将鸡蛋放入容器中打散，放入蛋羹容器中，加入海带高汤、虾仁、鸡肉丁、香菇片、茼蒿段，放入蒸锅内蒸 7 分钟。

4. 取出蒸好的蛋羹，加入无糖酱油即可。

\ 仿绿豆糕 /

含糖量
2 g（个）

完成时间
5 分钟

第 4 章　减糖健康厨房

[原料]

◆ 扁桃仁粉　200 g
◆ 抹茶粉　2 小匙
◆ 瓜尔豆胶　1 小匙
◆ 赤藓糖醇　80 ~ 100 g
◆ 冷压植物油　80 ml

[做法]

1. 将扁桃仁粉、抹茶粉、瓜尔豆胶、赤藓糖醇放入容器中搅拌均匀。

2. 一点一点地倒入冷压植物油揉匀（注意调整油的用量，油太多会导致面团太软，油太少会导致面团无法成形）。

3. 揉成面团状后压入木制模具中成形，取出即可食用。

 小野 TIPS ....

● 仿绿豆糕的外形与真正的绿豆糕相似，但制作过程中没有用到绿豆制品，所以准确地说称为"抹茶糕"更合适。一般的绿豆糕的原料是绿豆粉、面粉、砂糖等，减糖的人不宜食用，所以我用扁桃仁粉混合抹茶粉来代替绿豆粉。仿绿豆糕不必蒸或烤，只要用模具塑形即可，没有模具的话也可以用手捏。

● 也可以不加入抹茶粉，只用扁桃仁粉制成单纯的扁桃仁糕，适合当作下午茶或招待客人的减糖点心。

\九份仿芋圆/

含糖量 2 g（碗）

完成时间 10 分钟

[芋圆原料] 2 ~ 3 碗
- 扁桃仁粉　5 大匙
- 洋车前子壳粉　5 大匙

[甜汤原料]
- 赤藓糖醇　2 大匙
- 冷开水　200 ml

[做法]

1. 将扁桃仁粉、洋车前子壳粉放入容器中拌匀。

2. 放入适量的水拌匀，形成面团状。

3. 用勺子取适量"面团"，揉捏成芋圆的形状。

4. 将 200 ml 冷开水煮沸后，加入赤藓糖醇，于室温中放凉。食用前将仿芋圆放入甜汤中即可。

 小野 TIPS ....

- 我第一次在中国台湾的九份吃到九份芋圆时，觉得非常好吃。那个时候我还不知道自己有高血糖的问题。现在我还是很想念那个味道，但用芋头、马铃薯淀粉、红薯粉、砂糖等原料制成的芋圆含糖量很高，不适合减糖的人食用。因此我在自己的"减糖饮食实验室"尝试用其他食材来做仿芋圆，结果口感的相似度达到九成，喜欢吃芋圆的朋友可以尝试制作。

- 做仿芋圆时，若加入艾草粉或抹茶粉，就可以制成抹茶口味的芋圆，而加入甜菜粉可以做出红色的芋圆。总之，仿芋圆的色彩和口味都可以根据选用食材的不同而变换。

\ 无淀粉仿粽子 /

含糖量
2 g

完成时间
40分钟

[原料]

- 粽叶　2 张
- 魔芋仿饭（p.116）
  3 碗
- 红葱头　4 个
- 小虾米　1 大匙
- 香菇　4 朵
- 五花肉　60 g
- 洋车前子壳粉　适量
- 酱油　1 大匙
- 五香粉　适量
- 白胡椒粉　适量
- 橄榄油　少许

[做法]

1. 将粽叶用清水涮洗干净，擦干后自然晾干。将五花肉切成丁，香菇切成丝。

2. 在炒锅中加入橄榄油烧热，放入红葱头、小虾米、香菇丝爆香，再加入五花肉丁拌炒，最后加入酱油、五香粉、白胡椒粉拌炒均匀，做成馅料。

3. 在魔芋仿饭中加入洋车前子壳粉并拌匀，等 20 ~ 25 分钟至魔芋米黏成块状时，仿糯米饭就做好了。

4. 取粽叶，放入适量的仿糯米饭和馅料，包成粽子状，以中火蒸 10 分钟即可。

 小野 TIPS ·······································

● 不用糯米包粽子？虽然听起来像是在开玩笑，但我真的用魔芋仿饭做出了外形与真正的粽子相同、味道也很好的无淀粉仿粽子，减糖的人也可以吃。

● 馅料也可以用腊肠、咸鸭蛋、花生、栗子、冬菇、猪肉、素肉等食材代替。虽然栗子的含糖量很高，但只放一个还是可以接受的。要注意的是，这种无淀粉的粽子不适合冷冻保存。

＼无淀粉凤梨酥／

含糖量
1g（个）

完成时间
70分钟

[酥皮原料]

+ 扁桃仁粉　150 g
+ 无盐黄油（室温）　2 大匙
+ 赤藓糖醇　50 g
+ 鸡蛋　1/2 个

[馅料原料]

+ 西葫芦（中等大小）　1 根
+ 赤藓糖醇　50 g
+ 柠檬汁　1 大匙
+ 洋车前子壳粉　3 大匙
+ 琼脂丝（剪成 1 厘米长）　3 大匙
+ 姜黄粉　1/2 小匙

[做法]

1. 将全部的酥皮原料放入容器中搅拌均匀，生酥皮就做好了。

2. 将西葫芦洗净，削除外皮，切成小块，用水煮熟（或蒸熟），捞起。

3. 待西葫芦冷却后控干水分，加入其他的馅料原料搅拌均匀，静置至少 30 分钟。

4. 将凤梨酥模具放在烘焙纸上，取适量的生酥皮均匀地贴在模具的底部及侧壁上。

5. 取适量的馅料放入模具中间，最后盖上生酥皮，轻轻地压平成凤梨酥的形状。

6. 将凤梨酥放入烤箱以 160℃烤 30 ～ 35 分钟，表面烤成金黄色时取出，放凉。

7. 将凤梨酥轻轻地从模具中取出，即可享用。

 小野 TIPS

◎ 这是我自己最满意的减糖料理。我用柠檬汁模仿凤梨的酸味、用琼脂丝模仿凤梨中的果肉纤维的口感（琼脂丝不要泡水），用姜黄粉调成凤梨馅的颜色。刚确定配方时我还没有买到模具，所以只能借助烘焙纸来徒手捏。后来买到了小长方形和大正方形的模具，就能做出外形与真正的凤梨酥相差无几的料理了，这让我感到十分开心，用心去做料理果然能得到美好的成果。

◎ 用剩的馅料可以放入冰箱中冷冻保存，也可以与其他原料混合做成凤梨蛋糕，还可以当成果酱搭配面包食用。

\ 德国风仿面包 /

含糖量
2 g

完成时间
120 分钟

[原料]

- 扁桃仁粉　300 g
- 洋车前子壳粉　100 g
- 坚果（南瓜子、白芝麻）　适量
- 鸡蛋　2 个（或蛋白 4 个）
- 冷开水　350 g
- 食用小苏打粉　5 g
- 盐　1 大匙
- 白醋　70 g

[做法]

1. 将扁桃仁粉、洋车前子壳粉、盐放入容器中搅拌均匀。

2. 将鸡蛋、冷开水、白醋放入另一个容器中，搅拌均匀。

3. 戴上手套，将第二步中的混合物倒入第一步的容器中，并加入坚果，用手揉 3 ~ 5 分钟（面团会越来越硬），然后将面团静置 30 分钟以上。

4. 将小苏打粉用细筛网过筛，均匀地撒在面团上，再揉 1 分钟，用手将面团整形成椭圆形或圆形的面包坯，然后放在烘焙纸上。

5. 移入烤箱，以 160℃烤 80 分钟即可。

 小野 TIPS ·····························

- 谁说面包应该是白色的？这款面包的主要原材料是扁桃仁粉和洋车前子壳粉，吃起来口感跟普通面包差不多。这款面包也不含麸质，所以麸质过敏体质的人也可以吃。

- 坚果部分可以改用切碎的黑橄榄、胡桃、葵花籽、亚麻籽等。如果想要典型的德国黑面包的味道，可以加上茴香籽（2 大匙）。

- 不要将面团放入模具内，以免造成粘连，清洗用过的容器时也要小心，因为洋车前子壳粉吸收水分后会很黏，所以要戴塑胶手套操作。在清洗容器前，最好先用纸巾擦拭一下容器，还要注意尽量不要将洋车前子壳粉冲洗到排水管里。

- 这款面包可以代替一般的吐司，还可以用来做成无糖花生酱三明治或自制蓝莓酱三明治，用来代替甜食。

＼蒸的！仿吐司面包／

含糖量	完成时间
1 g	20 分钟

[原料]

◆ 扁桃仁粉　100 g　　◆ 鸡蛋　1个（或蛋白2个）　　◆ 盐　1 小撮

◆ 亚麻籽粉　10 g　　◆ 泡打粉　1 小匙

[做法]

1. 将全部原料放入容器中搅拌均匀，将面团整理成方形，直接放在烘焙纸上。

2. 将面团放入蒸锅中以中火蒸约 10 分钟，取出后放凉，再轻轻地切成薄片。

3. 吃之前可放入烤箱中烘烤一下，或用平底锅煎一下，口感会更脆。

 小野 TIPS

● 除放入蒸锅中蒸之外，还可用微波炉600 W加热约3分钟。切片时要小心，因为面包很容易裂开。没吃完的面包可以放在冰箱中冷藏保存。想吃烤吐司的话可以试试这道仿面包食谱，涂上蒜末用橄榄油煎一下也很好吃！

\卡西的仿面包/

含糖量
2 g

完成时间
70 分钟

[原料]

- 奇亚籽　50 g
- 奶油奶酪　500 g
- 扁桃仁粉　300 g
- 无铝泡打粉　1 大匙
- 盐　1 小撮

[做法]

1. 将奇亚籽用料理机打成粉，每次打 2 秒，共打 3 次。

2. 将奇亚籽粉、奶油奶酪放入容器中搅拌均匀，静置约 10 分钟。

3. 加入扁桃仁粉、无铝泡打粉、盐搅拌均匀，用手将面团揉成面包的形状（不要用模具），放入烤箱中以 175℃ 烤 50 ~ 55 分钟即可。

 小野 TIPS

- 告诉我这个食谱的是我的德国朋友卡西，她说自己要在夏天前减肥成功，便开始减糖。结果一个月后，她就需要买新的牛仔裤了，又过了两个月，她开心地去买比基尼了！

＼巧克力布朗尼／

含糖量
4 g

完成时间
40 分钟

[原 料]

- 扁桃仁粉　70 g
- 鸡蛋　2 个
- 无糖可可粉　30 g

- 赤藓糖醇　50 g
- 肉桂粉　1/2 小匙
- 食用油　少许

[做 法]

1. 将全部原料放入料理机中搅拌均匀。

2. 在长 15 厘米、宽 8 厘米的蛋糕模具的内壁上涂抹食用油，然后倒入搅拌好的原料。

3. 将模具放入烤箱中，以 180℃烤 25 ~ 35 分钟（或放入蒸锅中以中火蒸 20 分钟），待摇晃模具而蛋糕不晃动时将模具取出即可。

 小野 TIPS ·······························

- 也可以用化开的巧克力（取可可含量在85%以上的黑巧克力+赤藓糖醇）做装饰，使口感更丰富。

\低糖苹果塔/

含糖量
5 g

完成时间
30 分钟

[原料]

◆ 扁桃仁粉　100 g

◆ 鸡蛋　2 个

◆ 核桃　适量（可放可不放）

◆ 苹果　约 1/8 个

◆ 赤藓糖醇　50 g

◆ 肉桂粉　1/2 小匙

[做法]

1. 将扁桃仁粉、鸡蛋放入容器中搅拌均匀，然后倒入蛋糕模具中至约八分满，用作蛋糕坯。

2. 将苹果切成薄片，将核桃切成碎粒，铺在蛋糕坯上（也可以加几颗枸杞）。

3. 撒上肉桂粉、赤藓糖醇，将模具移入烤箱中以 180℃ 烤约 20 分钟，取出即可。

 小野 TIPS ···

● 法式苹果塔是先烤塔皮再加苹果烤，这里省略这个步骤，直接一起烤。请注意苹果的用量不要太多。苹果薄片和肉桂粉的香味会让人有十分幸福的感觉。

＼和风红豆抹茶蛋糕／

含糖量
6 g

完成时间
30 分钟

小野 TIPS ···

● 日本传统的甜点大部分是用糯米粉、砂糖和红豆做的，每一种原料含糖量
都很高。做上面这款和风红豆抹茶蛋糕没有用到糯米粉和砂糖，减糖的人
也可以吃，还可以参考这个配方做和果子（wagashi），也很好吃。泡一杯
绿茶，一边吃甜点一边享用绿茶，可以让人短暂地休息一下，享受幸福的
时光。

[原料]

- 扁桃仁粉　80 g
- 鸡蛋　2 个
- 抹茶粉　1 大匙
- 自制蜜红豆　适量
- 赤藓糖醇　4 ~ 6 大匙
- 食用油　少许

[做法]

1. 将扁桃仁粉、鸡蛋、抹茶粉、赤藓糖醇放入容器中，用打蛋器搅拌均匀。

2. 取少许食用油涂抹在模具的内壁上（或放一张烘焙纸），均匀地倒入第一步中搅拌好的原料，再放入自制的蜜红豆。

3. 将模具放入烤箱中，以 180℃ 烤 20 分钟（或放入蒸锅中以中火蒸 20 分钟），取出即可享用。

含糖量：4 g（每份）
完成时间：5 分钟

常备低糖蜜红豆

[原料]10 份

- 红豆　100 g（不必先泡水）
- 赤藓糖醇　100 g

[做法]

将红豆洗净，放入锅中，加入 1 升水，以大火煮，待红豆熟至九成时捞出，沥干水，再加满水，以中火煮至水分收干，加入赤藓糖醇拌匀即可。

 小野 TIPS ··

- ● 一次可以煮 100 g 红豆备用，用不完的可放入冰箱中冷冻保存。煮好的红豆可分装成 10 份（每份含糖量为 4 g），或用制冰盒分装冷冻，有利于控制每次的使用量。

- ● 蜜红豆还可以用来做和果子、红豆牛奶冰等。

＼ 超简单芝士蛋糕 ／

含糖量
2 g

完成时间
70分钟

166

[原料]

◆ 奶油奶酪　2盒（1盒250 g）

◆ 鸡蛋　2个

◆ 干柠檬皮屑　少许

◆ 赤藓糖醇　80 g

◆ 天然香草精　少许

[做法]

1. 将全部原料放入容器中，用打蛋器搅拌均匀。

2. 将烘焙纸放到模具中，然后倒入搅拌好的原料。

3. 将模具放入烤箱中以 180℃烤 50 ~ 60 分钟（如果是小烤箱，大约烤 40 分钟即可，烤制过程中注意观察蛋糕表面的颜色，以免烤焦）。取出后可以用牙签戳一下看看是否烤熟了，然后放入冰箱中冷藏，方便随时取出享用。

 小野 TIPS ....

◎ 准备时间不到10分钟，就可以做出真正的芝士蛋糕。自制的芝士蛋糕味道很浓郁，冷藏2~3天后更好吃。我把做法分享给朋友们，朋友们都很高兴地说："没想到做法这么简单，味道又那么好！"

◎ 一般做芝士蛋糕时会先在模具里铺一层饼干屑，但我省略了这一步，这样既可以节省时间，又可以减少蛋糕的含糖量。

◎ 还可以加入2~3大匙蓝莓酱、草莓酱、百香果酱等含糖量低的自制果酱。也可以直接把水果放在烤好的芝士蛋糕上。如果水果含太多水分的话，可先加入1小匙瓜尔豆胶搅拌。

◎ 也可以用锅蒸，方法是先以中火蒸15分钟，再以小火继续蒸20分钟即可。

........〈 常备干柠檬皮屑 〉........

将干的柠檬皮屑放入蛋糕或饼干中调味能取得很好的效果。将干的柠檬皮屑与盐混合，可以做成柠檬盐。有机柠檬的柠檬皮晒干后可做成柠檬粉。如果湿度太高，不容易晒干的话，可用烤箱以100℃烤20~30分钟烘干，或用微波炉以500 W加热1分钟，还没干的话可再加热30秒。

\醇香咖啡蛋糕/

含糖量	完成时间
4 g	40 分钟

[原 料]

◆ 扁桃仁粉　80 g

◆ 鸡蛋　2 个

◆ 赤藓糖醇　4 ~ 6 大匙

◆ 无糖速溶咖啡粉　2 大匙

◆ 温水　1 小匙

◆ 食用油　少许

[做 法]

1. 将无糖速溶咖啡粉放入杯中，倒入 1 小匙温水搅拌均匀。

2. 将扁桃仁粉、鸡蛋、搅拌好的咖啡放入容器中，用打蛋器搅拌均匀。

3. 在模具内壁上涂抹一层食用油（或放上烘焙纸），倒入第二步中搅拌好的原料。

4. 将模具放入烤箱中，以 180℃烤 25 ~ 30 分钟（或用蒸锅以中火蒸 20 分钟），取出后放凉即可。

 小野 TIPS

◉ 如果对咖啡因敏感，可改用无咖啡因咖啡。还可以加入核桃、扁桃仁等坚果，增添咖啡蛋糕的风味。

\ 马克杯玛芬 /

含糖量
2 g

完成时间
3 分钟

[原料]

◆ 鸡蛋　1 个
◆ 扁桃仁粉　5 大匙
◆ 橄榄油　1 小匙
◆ 赤藓糖醇　1 ~ 2 大匙
◆ 可可粉　1 大匙（可放可不放）

[做法]

1. 将所有原料放入马克杯中，搅拌成糊状（如果鸡蛋比较大，面糊会比较稀，可再加入少许扁桃仁粉）。

2. 将马克杯放入微波炉中以 600 W 蒸 1 分 30 秒（烤箱版本则是以上下火 180℃烤 20 分钟），取出即可食用。

 小野 TIPS ∙∙∙

◉ 用微波炉好不好这个问题一直有争议。减糖的人用微波炉的好处是想吃低糖甜品的时候就可以立马吃到。我到国外旅行时会带上扁桃仁粉，挑选提供微波炉的旅馆，并在当地买其他的材料和最便宜的马克杯做玛芬，用过的马克杯还可以当作小纪念品。

◉ 做这款马克杯玛芬时，原料的使用量"马马虎虎"就好，面糊软一点儿或硬一点儿都不会导致失败。我做这款玛芬时，不会称量原料的使用量，一直靠目测来放原材料。成品有的时候口感较硬，有的时候口感较软。

◉ 制作甜玛芬时，除了可以放入可可粉以外，还可以加入其他的材料，例如抹茶粉、椰子薄片、柠檬汁、切碎的坚果、少量水果等，可以根据个人的喜好做出各种口味的甜玛芬。

\抹茶饼干/

含糖量 0.6 g（个）　完成时间 30 分钟

[原料]　成品约 12 个

* 扁桃仁粉　100 g
* 抹茶粉　1 大匙
* 椰子油（或植物油）
  4 ~ 5 大匙
* 赤藓糖醇　50 g

[做法]

1. 将扁桃仁粉、抹茶粉、赤藓糖醇放入容器中搅拌均匀。

2. 加入椰子油搅拌均匀，揉捏成黏土状（太湿的话可再加入一点儿扁桃仁粉，太干的话可再加入一点儿椰子油）。尝一尝甜度怎么样，甜度不够的话就再加入一点儿赤藓糖醇（这些原料都是可以直接吃的）。

3. 用手取适量面团塑形，根据自己的喜好将面团捏成任意大小和形状，然后将面团放在烘焙纸上。

4. 将面团移入烤箱中，以 140 ℃ 烤 15 ~ 20 分钟，取出后先放凉再拿取（饼干还热时就拿取的话容易碎，放凉后口感会变脆）。

小野 TIPS

● 这个配方去掉抹茶粉后就是基础的低糖扁桃仁饼干配方，加入抹茶粉后味道会更浓郁。此外，也可以将椰子油替换成在室温中软化了的无盐黄油。

● 做这款饼干时只需要三步：将原料混合，塑形，烤。做过很多次之后，不需要称重，你的手就会知道每种原料的用量。如果小时候喜欢玩黏土的话（或是喜欢在沙滩上玩沙土），你可能会觉得做这款饼干跟玩黏土差不多，一样简单又好玩！

\巧克力饼干/

含糖量
0.7 g

完成时间
30 分钟

[原料]

◆ 扁桃仁粉　100 g

◆ 无糖可可粉　3 大匙

◆ 椰子油（或软化的无盐黄油）　5 ~ 6 大匙

◆ 赤藓糖醇　50 g

◆ 天然香草精　少许

[做法]

1. 将扁桃仁粉、无糖可可粉、赤藓糖醇、天然香草精放入容器中，搅拌均匀。

2. 加入椰了油搅拌均匀，揉捏成团（太湿的话可再加入一点儿扁桃仁粉，太干的话可再加入 1 大匙椰子油）。

3. 用手取适量面团塑形成饼干坯，然后将其轻轻地放在烘焙纸上，放入烤箱中以 140℃烤 15 ~ 20 分钟，放凉后即可享用。

\ 超简单奶酪脆饼 /

含糖量
0 g

完成时间
2 分钟

[原料]

◆ 帕玛森奶酪粉　适量

[做法]

1. 用汤匙将帕玛森奶酪粉放在不粘锅的锅底上，轻轻地压（奶酪粉不要太厚，不必完全填满空隙）。

2. 以小火开始煎，等奶酪粉开始融化，边缘开始有一点点变焦了的时候翻面，再煎 5 ~ 10 秒即可盛出，放凉后食用。

 小野 TIPS

● 咸酥的奶酪脆饼最适合当成下午茶或聚会时大家一起吃的点心，刚做好时口感酥脆，加入干燥剂保存可存放两三天，但最好还是在受潮前尽快吃掉。

\ 法式瓦片酥 /

[原料]

• 扁桃仁薄片　100 g
• 赤藓糖醇　5～6大匙

[做法]

1. 将扁桃仁薄片、赤藓糖醇放入容器中拌匀，再加入少许水以产生黏性。

2. 在烤盘上放一张烘焙纸，倒入第一步中拌匀的混合物，用汤匙抹平（形成一张大的薄片或几张小的薄片）。

3. 将烤盘移入烤箱中以160℃烤12～15分钟，当瓦片酥的边缘变成淡茶色时从烤箱中取出，变硬前不要碰。

4. 等待约15分钟，瓦片酥变凉、口感变脆时将其分割成小块状即可。

含糖量 0.5 g

完成时间 40 分钟

 小野 TIPS ··

◎ 瓦片酥（Tuile aux amandes）是典型的法国饼干，用到的原料很简单，就是扁桃仁薄片和砂糖。为了减糖，我在这里用赤藓糖醇代替砂糖。做瓦片酥时，需要把扁桃仁薄片均匀地弄湿，可以买一个专用的小喷雾器来操作。

▲ 刚取出的烤好的瓦片酥

低糖饮品

\\香醇扁桃仁奶/

含糖量
0.7 g

完成时间
10 分钟

小野 TIPS ···

- 如果要缩短制作时间，可以将生的扁桃仁浸泡在热水里1小时。做成的扁桃仁奶不仅可以直接饮用，还可用于烹调浓汤、印度咖喱、泰国咖喱等。放入冰箱中冷藏存放可保存两天，建议先加热煮至沸腾，然后放凉，再放入冰箱。

- 过滤剩下的扁桃仁渣用途很多，可以用来做蛋糕（与鸡蛋、油和赤藓糖醇混合后烤）、软饼干（与油和赤藓糖醇混合后烤），或直接放入烤箱以130℃烤约1小时，做成扁桃仁渣粉。

[原料] 生扁桃仁　100 g

[做法]

1
将生扁桃仁加水浸泡 12 小时，然后用冷开水冲净，再放入榨汁机里。

2
倒入冷开水（根据想要的浓度调整加水量），盖上盖。

3
高速搅打扁桃仁。

4
搅打成扁桃仁浆。

5
准备容器，先在容器上放上过滤网，再放入过滤袋，然后倒入扁桃仁浆。

6
用一只手由上往下挤过滤袋。

7
将扁桃仁浆从过滤袋中挤干净。

8
将过滤袋中的扁桃仁渣取出。

9
将扁桃仁浆倒入杯中，即可享用。

＼印尼式牛油果咖啡／

含糖量
4 g

完成时间
5 分钟

[原料] 2杯

- 速溶咖啡粉　4 小匙
- 热开水　2 大匙
- 豆浆（或扁桃仁奶
  p.174）　400 ml
- 熟的牛油果　1 个
- 赤藓糖醇　2～3 大匙

[做法]

1. 将速溶咖啡粉、热开水、赤藓糖醇放入容器中，搅拌均匀。

2. 将牛油果洗净并切开，用汤匙挖出牛油果果肉。

3. 再将牛油果和豆浆倒入容器中，用手持式搅拌棒搅打均匀，然后倒入杯中，即可饮用。还可以放入冰块，也很好喝。

 小野 TIPS ....

- 把牛油果和咖啡加在一起？一些朋友可能会有点儿疑惑，其实这是正宗的印尼饮料！在印尼一般是用牛油果、牛奶、速溶咖啡粉和砂糖做的，这里我换成了用牛油果、豆浆（或扁桃仁奶）、速溶咖啡粉及赤藓糖醇来制作，这样减糖的人也可以喝。

- 一提到减糖，很容易会想到牛油果，因为它含糖量低，且富含维生素E和对健康有益的单不饱和脂肪酸，因此被称为"森林奶油"。牛油果果肉口感顺滑，散发着胡桃与奶油的香气。

- 牛油果被摘下后通常需要4～5天熟成，尚未熟成时外皮是青绿色的，不可以放在冰箱中，一般在常温下放置1～2天后会达到半熟，这时果肉有弹性、软硬适中，最好吃。想要催熟的话可以将牛油果和香蕉或苹果一起放入纸袋中，靠它们释放的乙烯加速熟成的速度。熟牛油果的果肉可以冷冻保存，常备牛油果果肉可随时做咖啡、思慕雪等，很方便。

\ 黑玛瑙珍珠奶茶 /

含糖量
2 g

完成时间
5分钟

[原料]

+ 黑咖啡　200 ml
+ 琼脂粉　2 g（1 小匙）
+ 冰红茶　200 ml
+ 冰无糖豆浆（或扁桃仁奶）　300 ml
+ 赤藓糖醇　适量

[做法]

1. 将黑咖啡、琼脂粉放入容器中搅拌，以中小火边搅拌边煮滚，放入冰箱中冷藏至凝固，"黑玛瑙"就做好了。

2. 将冰红茶、冰无糖豆浆（或扁桃仁奶）倒入杯中搅拌均匀，再加入切成小块的黑玛瑙、赤藓糖醇即可。

 小野 TIPS ·····················

◎ 如今，珍珠奶茶在很多国家都广受欢迎，可是减糖的人不能喝珍珠奶茶。珍珠的主要成分是淀粉，奶茶中又含有砂糖，因此珍珠奶茶的含糖量相当高。我在自己的"减糖饮食实验室"中研发出这款用"黑玛瑙"代替珍珠，用冰红茶、冰豆浆或扁桃仁奶代替奶茶的饮品，适合减糖的人饮用。

◎ 这里的"黑玛瑙"是用黑咖啡和赤藓糖醇做的，还有一种做法是用琼脂粉和水煮成透明的琼脂冻，切成小块后放入奶茶中，"水晶奶茶"就做好了。

\ 零糖莫吉托 /

含糖量
0 g

完成时间
3分钟

[原料]

- 冰镇无糖苏打水　300 ml
- 薄荷叶　10 ~ 15 片
- 青柠　1/4 个
- 赤藓糖醇　适量
- 白朗姆酒　1 ~ 3 大匙
- 冰块　适量

[做法]

1. 将青柠切成小块。

2. 将新鲜的薄荷叶、青柠放入玻璃杯中。

3. 用擀面杖轻轻挤压薄荷叶和青柠，使它们的香气散发出来。

4. 加入冰镇的无糖苏打水、白朗姆酒、赤藓糖醇搅拌均匀，放入冰块后即可饮用。

 小野 TIPS ·······························

- 莫吉托是用白朗姆酒调制的古巴鸡尾酒，因为朗姆酒的含糖量为 0 g，所以把传统做法中用到的糖替换成赤藓糖醇的话，就能做出减糖的人也可以喝的鸡尾酒。如果没有青柠的话可改用柠檬，但是香气会有差异。当然，也可以不加酒。

- 天气热的时候喝冰的莫吉托可以润嗓子。夏天，为了调莫吉托，我特意在露台的花盆中种了薄荷，要喝时便采摘几片薄荷叶制成不含酒精的莫吉托，在炎热的夏天饮用非常舒爽。

- 薄荷的生命力很强，四年前，我在露台的花盆中种了薄荷，虽然冬天它们都不见了，但根还活着。春天到了，绿色的叶子就长出来了。调莫吉托时用完的薄荷叶不要丢掉，可以用热水冲泡，或晒干做成薄荷叶茶。

\ 基本款巧克力 /

含糖量
0.75 g（个）

完成时间
10 分钟

[原料]

- 黑巧克力　100 g
- 赤藓糖醇　30 ~ 50 g

[做法]

1. 取中号的锅，加入半锅水，将水烧热。

2. 将黑巧克力切碎，然后和赤藓糖醇一起放在小号锅中，再将小号锅放入中号锅中（巧克力不可以直接在火上加热），搅拌巧克力至其化成液体。

3. 将巧克力液体倒入硅胶模具中，将模具移入冰箱中冰藏至巧克力重新凝固，然后取出，脱模，即可食用。

 小野 TIPS ···

- 巧克力的原料之一可可豆在很久以前是一种药，具有抗氧化作用，对健康有益。不过，一般市售的巧克力含糖量很高，减糖的人要注意摄入量及巧克力中的可可含量。如今，市面上有可可含量较高的黑巧克力，如70%的、85%的、92%的、95%的、99%的。减糖的人可以吃少许可可含量在85%以上的巧克力，99%的巧克力含糖量为7.4 g/100 g，一次限吃一两块。

- 可可含量高的巧克力很苦，但是将其化开后加入赤藓糖醇，就可以做成好吃的低糖巧克力。这里介绍的食谱中用到的巧克力的可可含量为92%~99%。

- 将巧克力倒入模具后，可以在其凝固前加入自己喜欢的内馅，如混合了赤藓糖醇的花生酱、朗姆酒渍樱桃（去核）、椰子丸（椰子薄片+少量椰子油+赤藓糖醇）等，使口味更丰富。喜欢喝酒的人可以试试做朗姆酒渍樱桃巧克力，但食用后不能开车噢！

- 樱桃季来临时，我一定会买两三千克酸樱桃和两瓶黑朗姆酒，用来做朗姆酒渍樱桃，泡好后等两三个月就可以用来做各种料理。

- 除了朗姆酒渍樱桃巧克力，我还用加了樱桃的朗姆酒和无糖气泡水、冰块做出了梦幻的粉色鸡尾酒，这款鸡尾酒有樱桃的清新香味，可以带你享受微醺的幸福时刻。

▲ 用朗姆酒腌渍的樱桃

＼ 松露巧克力 ／

含糖量
0.8 g

完成时间
10 分钟

[原料] 12 块

◆ 扁桃仁粉　100 g

◆ 无糖可可粉　50 g

◆ 赤藓糖醇　50 g

◆ 冷压植物油　3 ~ 4 大匙

◆ 香草精、朗姆酒　2 小匙

[做法]

1. 将扁桃仁粉、无糖可可粉、赤藓糖醇、香草精、朗姆酒放入容器中搅拌均匀。

2. 将冷压植物油一点一点地加入，同时持续搅拌。

3. 取适量上面做好的混合物，做成松露巧克力的形状（如果黏度不够，可加少许扁桃仁粉调整），做好后放在烘焙纸上，在其表面均匀地撒上一层可可粉，依次将混合物全部做成松露巧克力即可。

 小野 TIPS

● 在德国、法国、比利时等国家，制作松露巧克力的历史相当悠久，还有很多松露巧克力专营店。松露巧克力有着能唤醒味蕾的魅力，让人看到就会口水直流，虽然减糖的人不能吃市售的松露巧克力（因为含糖量普遍较高），但是我们可以自己动手制作减糖版的松露巧克力！

● 传统的松露巧克力外表沾满了可可粉，看起来很像沾上了沙土的松露。此外，也可换用其他材料，除可可粉外，还可以撒上椰子薄片、无糖的花生粉、坚果碎等，使口味更丰富。

\ 绿茶冰激凌 /

含糖量
3.5 g

完成时间
110 分钟

[原料] 2人份

- 鲜奶油（脂肪含量至少
  为30%） 200 ml
- 抹茶粉 1大匙
- 天然香草精 少许
- 赤藓糖醇 30 ~ 50 g

[做法]

1. 用打蛋器把鲜奶油打发
   至有纹路，然后加入赤
   藓糖醇、天然香草精、
   抹茶粉搅拌均匀。

2. 移入冰箱中冷冻 1 ~ 2
   小时后，再拿出来用叉
   子搅拌，然后放回冰箱
   中继续冷冻，每20分
   钟拿出来搅拌一次，重
   复3次即可。

 小野 TIPS ·····················

- 市面上一般的冰激凌含糖量都很高。减糖的人想吃冰激凌的话可以在家自己
  做。如果你经常吃冰激凌的话，可以买高级的电动冰激凌机，放入鲜奶油、
  赤藓糖醇和其他喜欢的原料（如少量水果、可可粉等），就可以毫不费力地
  做出顺滑的低糖冰激凌。自制冰激凌不仅含糖量低，营养价值还较高。

- 冰激凌越蓬松（空气越多），口感越松软。为了使冰激凌含的空气更多，
  可以过一会儿就将其从冷冻室中拿出来搅拌一下（还可以锻炼上臂肌
  肉）。如果冰激凌冷冻了很久，冻得太硬的话，可以将其放在常温下，等
  一会儿再吃。

\霜冻牛油果酸奶/

含糖量
2.8 g
（1 人份）

完成时间
10 分钟

[原料]　3 人份

◆ 熟牛油果（中等大小）　1 个
◆ 无糖酸奶　200 g
◆ 鲜奶油（或豆浆、椰奶）　2 大匙
◆ 赤藓糖醇　40 ~ 50 g

[做法]

1. 将牛油果果肉用手持式搅拌棒搅打至呈泥状。

2. 将剩余的原料也放入容器中搅拌均匀，然后放入冰箱中冷冻 1 小时后取出，用叉子搅拌，再放入冰箱中继续冷冻，每 20 分钟拿出来搅拌一次，重复 3 次即可。

　小野 TIPS ···

这款牛油果酸奶不冷冻也好吃，但冷冻后熟牛油果的味道和无糖酸奶的酸味会更搭。上班族早上没时间吃早餐时也可以吃牛油果酸奶。还可以带 1 个牛油果和 1 盒无糖酸奶去公司，用叉子搅拌着吃，口感与榴梿有点类似，但不会像榴梿那样有特殊的味道。